砂戦争

知られざる資源争奪戦

石 弘之

角川新書

まえがき

もしもビルのなかの書店でこの本を手に取っているのなら、まわりの壁、床、天井を見回してほしい。このコンクリートの7割は砂でできている。電子本で読んでいるなら、パソコンに入っている多くの半導体の原料が、砂の石英からきていることを思い起こしてほしい。

東京タワーが完成したのは１９５８年。私が高校生のころだ。友人らと展望台に上って東京を俯瞰《ふかん》したときに、緑が多いのが印象に残った。今、スカイツリーの展望台から目に入るのは、地上を覆い尽くしたビルや道路。視線の向こうには東京湾の埋立地。地下に潜ると、網の目のように張りめぐらされた地下鉄も広大な地下街も、巨大なコンクリート製の箱やチューブだ。

１００年前には、コンクリートの建物で生活したり働いたりする人は、世界で数億人もいなかっただろう。今日ではおそらく30億人以上の人びとがそのような生活を送っていると思われる。その数は日々増えつづけている。砂はもっとも見落とされてきた資源だ。だが今や、21世紀の最重要の資源のひとつとして注目を浴びている。

国連の報告書によると、世界で毎年500億トン前後もの砂が使われている。過去20年間で5倍になった。国連は、世界の主要河川の50〜95%で、過剰な採掘から砂資源が枯渇しつつあると警告する。砂は川の上流から運ばれて補充されるが、その2倍を上回る速度で採掘が進む。さらに、世界では大小80万以上のダムがつくられ、川を遮断して砂の補給を断っている。

これだけ重要な資源であるのにもかかわらず、砂の採掘、使用、取引を規制する国際条約は存在しない。たとえば、シンガポールは世界最大の砂の輸入国であり、近隣のアジア諸国から大量の砂をかき集めて海を埋め立てて国土を拡大してきた。アラブ首長国連邦（UAE）の砂漠のなかに突如現れたドバイの超モダンな都市は、オーストラリアから輸入した大量の砂でできている。いずれも何の規制もないままにふんだんに砂を輸入してきた。

砂の乱掘によって河川や海岸では生態系が破壊され、多くの生物が絶滅の危機にさらされている。過剰な採掘が侵食を引き起こし、漁民は漁場を失って不漁にあえぎ、橋や川沿いの建物が倒壊の危険にさらされ、砂浜が消えて海水浴場が次々に閉鎖に追い込まれている。

砂の不足から違法取引がはびこって「砂マフィア」の横行を招き、過去10年間に砂の保護を訴える地元住民やNGOの活動家をはじめ、警察官、政府関係者などが何百人も殺害された。

まえがき

「砂漠にいけばいくらでもあるじゃないか」と、疑問を抱く人は多いだろうが、砂漠の砂はその性質上コンクリートには使えない。詳しくは第三章を読んでほしい。

私たち日本人にとっても砂資源の枯渇は対岸の火事ではない。国内でも砂浜は急速に姿を消しつつある。戦後復興、高度経済成長、そして相次ぐ大災害からの復興で、日本の砂の利用は飛躍的に増えてきた。

和歌山県白浜町《しらはまちょう》の白良《しらら》浜《はま》は文字通り白い浜辺で有名だが、この白い砂は、オーストラリアから輸入したものだ。阪神甲子《こうし》園《えん》球場で高校野球の選手たちが持ち帰る土には中国産が混じっている。

歌舞伎や浄瑠璃《じょうるり》に登場する安土桃山時代の大泥棒、石川五《いしかわご》右《え》衛門《もん》は捕まって一族もろとも釜《かま》ゆでの刑に処せられるときに、こう辞世の句を詠んだとされる。

浜の真砂《まさご》は尽きるとも
世に盗人《ぬすびと》の種は尽きまじ

「浜の真砂」は無限のたとえに引用されてきたが、この句が現実味を帯びてきた。

砂や水のようにありふれていたはずの資源が、巨大な人類の活動の前に枯渇していく。これが、地球の現実だ。

『沈黙の春』の著作で名高いレイチェル・カーソンは、「すべての曲がりくねったビーチ、あらゆる砂粒に、地球の物語があります」と書いた。これからその物語を訪ねてみる。

(注)文中に出てくる「砂」は、砂粒のサイズによってさまざまな定義があり、ここでは砂利を含めて「砂」という表現で統一した(第三章)。文中の敬称は省略させていただいた。

著者

目次

本文中の写真、特にことわりのないものは著者撮影
図版作成　フロマージュ　／　DTP　オノ・エーワン

第一章

砂のコモンズの悲劇

砂資源の枯渇がはじまった

「砂」といわれて思い出すのは、美しい砂浜だろうか、あるいは広大な砂漠だろうか、もしかしたら部屋の片隅のネコ砂だろうか。この砂をめぐって、にわかに世界が熱くなってきた。砂の需要が急増してきて足りなくなってきたからだ。

国連環境計画（UNEP）は「砂資源は想像以上に希少化している」という内容の報告書を2014年に発表した。それによると、世界で毎年470億〜590億トンの砂が採掘され、この7割が建設用コンクリートに混ぜる骨材《こつざい》として使われている。

骨材はその名の通り、コンクリートの骨格となる建設資材で、砂の最大の用途だ。とくに発展途上地域では、アジア、中東、アフリカ、中南米の都市がビルや公共工事の建設ラッシュに沸いている。砂の市場規模は世界で約700億ドル。産業ロボットの市場と同規模である。現在は採掘されている地下資源量の85％までが砂といわれる。

仮に、500億トンの砂で高さ5メートル、幅1メートルの壁をつくると、地球を125周する。体積にすれば東京ドーム2万杯になる。化石燃料の消費量は石油換算で年約130億トンだから、砂はその3〜4倍にもなる。

この消費量は世界の川が1年間に運ぶ土砂の量の約2倍になり、自然が供給する以上に砂が消費されていることを意味する。2060年までに820億トンまで増加すると、UNE

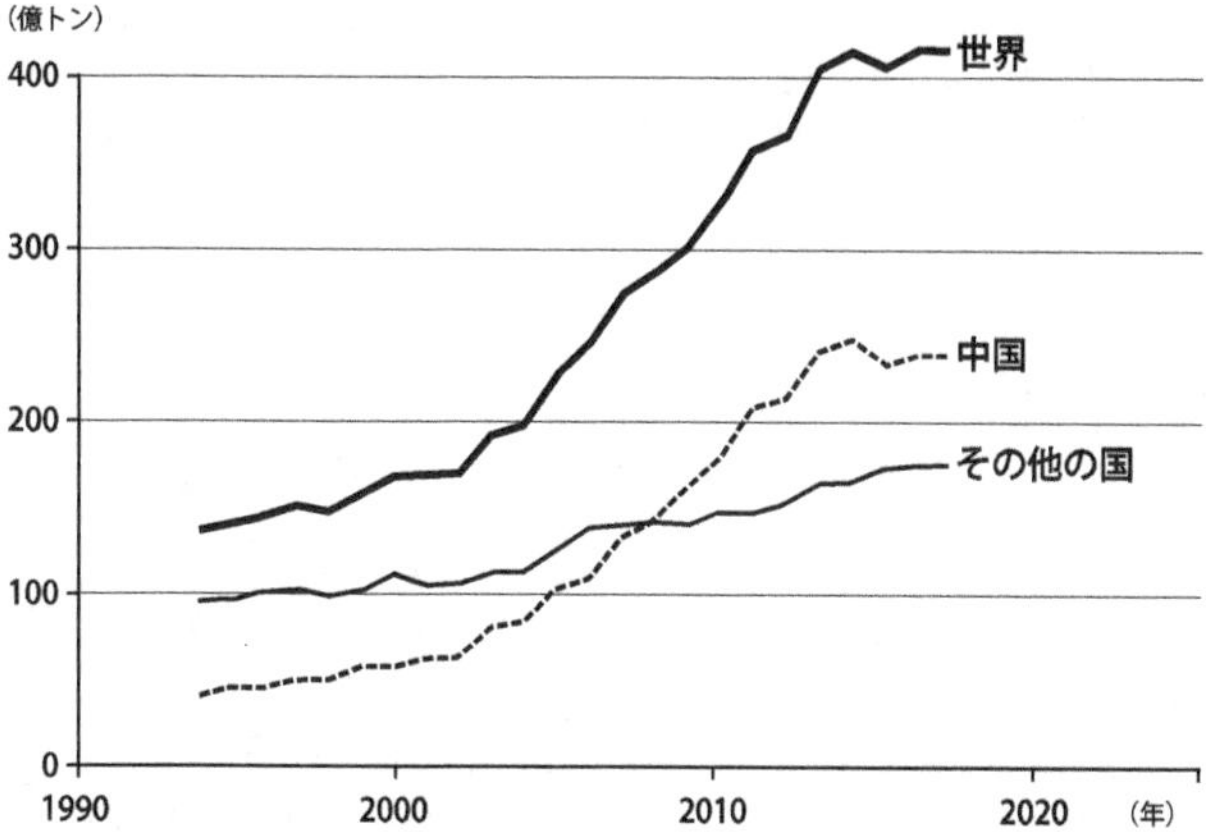

図1-1　急増する世界のセメント生産量（出典　米国地質調査所）

Pは予測する。その多くは、河床、河岸、砂丘、砂浜、海底、陸上の堆積《たいせき》層から採掘される。

資源枯渇から砂の輸出を禁止する国が次々に現れ、希少なグローバル商品になりつつあり、取引の総額は過去25年間でほぼ6倍に急上昇した。また、砂資源を違法に採掘・売買する国は70カ国におよぶとUNEPは明らかにしている。「砂マフィア」と呼ばれ、違法な砂の採掘や取引を牛耳るヤミ組織が、中国、インド、インドネシア、ナイジェリアなどで暗躍している。有力者、役人、警察、軍部などと結託して、反対する活動家やジャーナリストの殺害が多発している（第四章）。

川砂は最高品質の骨材だがその採掘はいとも簡単だ。以前は河岸などでの露天掘りが主だったが、資源の枯渇とともに川底や海底に採掘場所が移ってきた。船に吸引ポンプを取りつけて川底にパイプを伸ばして吸い上げるか、浅い場所であればパワーショベルですくい取って船やトラックで運ぶ。

砂の採掘量や消費量や貿易量については、多くの国で統計が整備されていないために実態はつかめず、部分的な統計でさえ過少に評価されているという指摘がある。UNEPは世界のセメント生産と販売の数値から、大まかな砂の採掘量を割り出している。

用途によって混合比は変わるが、建造物に使われる標準的なコンクリートの場合は、セメント1に対して砂などの骨材が7の割合だ。世界のセメントの生産量は年間約40億トンであり、1990年以降4倍に増えている（図1－1）。先進地域の消費量は頭打ちだが、中国やインドなどの途上地域の需要は急増している。

砂のコモンズの悲劇

アメリカの科学誌「サイエンス」は2017年、「迫り来る砂のコモンズの悲劇」と題する論文を掲げた。「コモンズの悲劇」という概念は、1968年にカリフォルニア大学の生態学教授のギャレット・ハーディン（1915～2003年）が、提唱したものだ。

教授は、封建領主が定めた家畜の放牧に利用できる共有地「コモンズ」を例にとって、こんな論理を展開した。誰もが自由に利用できる共有の放牧地では、村人がそれぞれに自分の

写真1-1　アフリカで起きている過剰放牧はまさに「コモンズの悲劇」そのものである（ニジェールにて）

利益を最大化しようとして、放牧する家畜の頭数を増やす。その結果、最終的に放牧地の草が食べ尽くされて家畜を飼えなくなる。つまり、「コモンズの自由は破滅をもたらすので、管理が必要だ」と説いた（写真1－1）。

とくにハーディンは人口問題に関心が高く、「資源に限りのある地球（コモンズ）で自由に子どもを産む権利はない」と主張した。当時、アメリカで禁止されていた中絶の権利を擁護し、1973年には約200人のアメリカ女性が中絶をするためにメキシコにわたった「地下鉄道」の運営にも関わった。

その後も、移民の受け入れに反対するなど、物議を醸す著作を次々に発表した。人権擁護団体や人種差別反対グループなどから、批判の集中砲火も浴びた。だが、環境や天然資源の保護運動に関わる活動家のなかから賛同者も現れた。当時、私は駆け出しの科学記者だったが、このハーディン論文に意表をつかれた。確かに極論もあったが、「人類の活動があまりに大きく性急で、地球は耐えられるだろうか」という問題提起には共感を覚えた。

砂の多くはかつて無主物として扱われ、その掘削は大きな利益をもたらした。現在、争奪戦が展開されている砂の資源は、サイエンス誌が指摘するようにまさに「コモンズの悲劇」そのものだ。国際的なルールもないままに、国家や企業や特定の組織が自分らの利益を最大化するために奪い合う。

この悲劇は他の資源や環境にも広がっている。典型的な例は水産資源である（第六章）。「早い者勝ち」の論理によって乱獲に陥りやすく、早い段階で公的な漁獲規制や資源保護が必要になった。知人の漁業者の言葉を借りるなら「海に浮いている1万円札をオレが拾わねば、他の者にとられてしまう」ということになる。

1972年には、民間のシンクタンク、ローマクラブによる『成長の限界』が発表され、有限な資源への関心が高まった。その後も、「コモンズの悲劇」は賛否両論、さまざまな形で今日まで議論がつづいている。

地球温暖化やオゾン層破壊にも関わる「大気」をはじめ、「水資源」「森林」「生物多様性」「廃棄物」などでも「コモンズの悲劇」が指摘され、国連はこうしたコモンズの保全に関わる条約化を積極的に進めてきた。たとえば――

「砂漠化対処条約（96年発効）」「絶滅の危機にある野生動植物の国際取引を規制するワシントン条約（75年）」「水鳥の生息地を保全するラムサール条約（75年）」「オゾン層保護ウィーン条約（88年）」「有害廃棄物の国境を越える移動を規制するバーゼル条約（92年）」「生物多様性条約（93年）」「国連海洋法条約（94年）」「水銀に関する水俣条約（２０１７年）」などだ。

２００３年9月、「ハーディン夫妻の悲劇」という衝撃的なニュースが世界を駆けめぐった。夫妻がカリフォルニア州の自宅で心中をしたのだ。彼は88歳で夫人は81歳。結婚62周年を祝った直後のことだった。夫妻ともに健康状態が思わしくなく、安楽死を認める「End-of-life Society」（現ヘムロック協会）の会員だった。

都市化の世紀

20世紀は、先進地域だけでなく途上地域でも人口の爆発とともに、都市が大きく膨張した時代だった。これが、コンクリートの需給を増大させ、ひいては砂資源を逼迫《ひっぱく》させることになった。

国連世界人口白書によると、世界人口は１９００年の16億５０００万人から２０１８年には76億３１００万人と４・６倍になった。この間に都市人口は、２億２０００万人から42億人と19倍に膨れ上がった。総人口のうち都市部に住む人口の割合を「都市化率」というが、その都市化の速度がいかに速かったかがわかる。

世界233の国・地域を網羅した国連の「世界都市人口予測2018年版」によると、1950年当時、世界の都市化率は30%にすぎなかったのが、2007年に人類史上はじめて都市人口が農村人口を上回った。2018年に都市化率が55%になり、このままでは2050年には68%にまで増えると予測される（図1－2）。ちなみに、18年の日本の都市化率は53%で世界平均を下回る。

世界中で、都市人口は年間約7100万人ずつ増えている。地球上に北京《ペキン》市が毎年3つ生まれているのと同じだ。2018～50年に増える世界の都市人口は、インド（＋4・16億人）、中国（＋2・55億人）、ナイジェリア（＋1・89億人）の3カ国だけで37%を占めることになる。

途上地域は、1950年には18%だった都市化率が、2018年には51%と半数を超え、2050年には66%になって先進地域の1970年の水準になる。2018年時点で現在もっとも都市化率が高い大陸は、北アメリカの82%、次いで南アメリカ・カリブ地域の81%、ヨーロッパの75%、オセアニアの68%とつづく。アジアの都市化率は現在50%に近づきつつある。とくに、マレーシア、中国、タイがトップ3である（図1－3）。一方で、農村人口

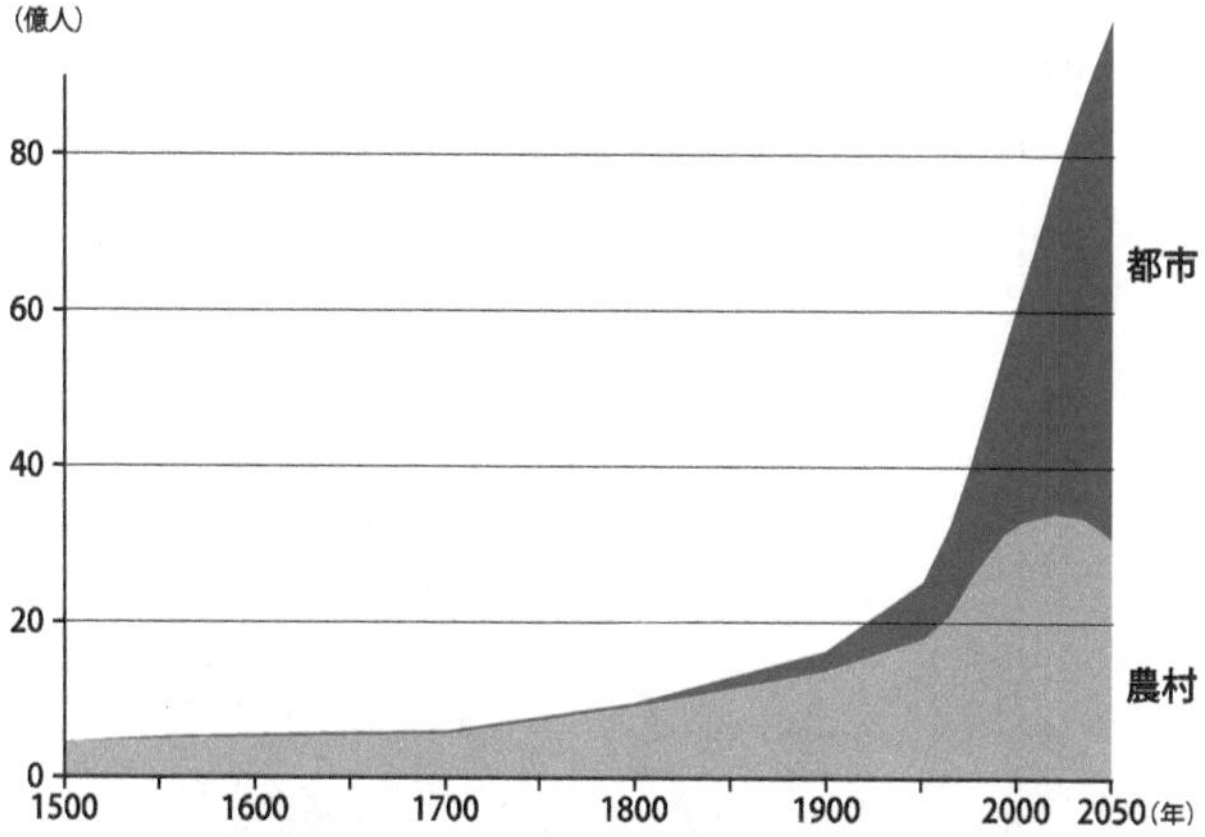

図1-2　世界の都市・農村人口の推移と予測（出典　国連世界都市人口予測2018年版）

が未《いま》だに多いアフリカでは43％にとどまっている。

遠からず世界人口の3分の2が都市に住むことは、避けられそうにない。しかも、2050年までに増える都市人口25億人のうち、90％近くはアジアとアフリカでの増加が占めることになりそうだ。

今後は低所得国に集中して都市の拡大がつづくとみられる。このなかには人口増加に都市機能が追いついていない国々も多く、住宅やインフラの不足からスラム人口だけが無秩序に増えていく事態にもなりかねない。裏腹に農村部の空洞化も拡大しそうだ。すでにアフリカやアジアでは、人口減による農村の崩壊が目立ってきた。日本でも過疎化や限界集落の危機が叫ばれて久しい。

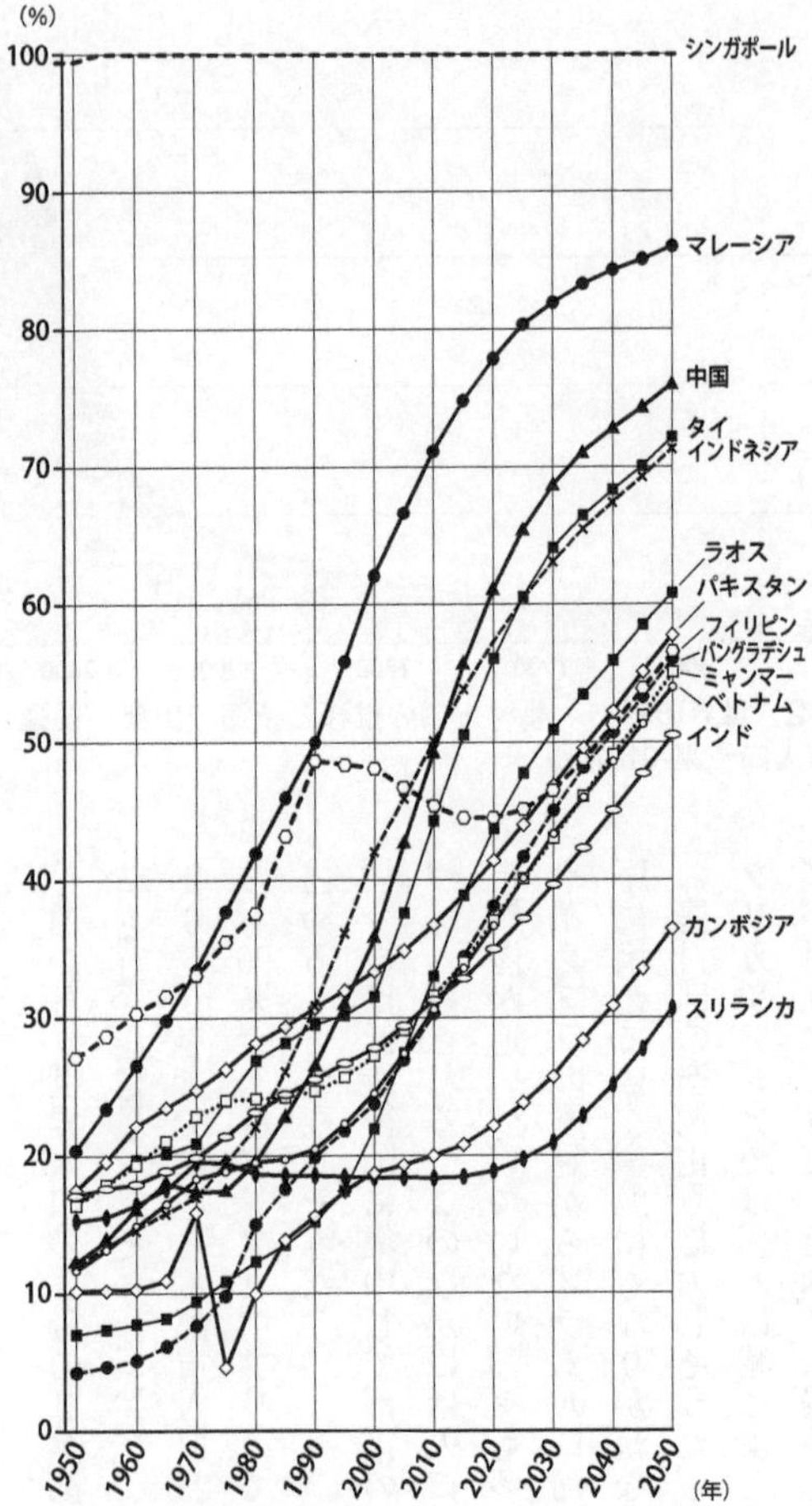

図1-3　世界最速で上昇するアジアの都市化率
（出典　図1-2と同）

都市人口の増加の原因は、都市の人口増と農村から都市への流入、そして近年は国によっては海外から移民・難民が都市人口へ加わっている。多くの移民・難民を受け入れたヨーロッパでは、都市内に外国人の集住地域ができて、さまざまな社会的軋轢《あつれき》が生じている。

増える高層ビル

人口がナンバー1だった都市を歴史的に遡《さかのぼ》ってみると、1000年にはコルドバ（スペイン）で45万人、1800年は北京で110万人、1900年はロンドンで650万人、そして現在は3700万人の人口を抱える東京・横浜《よこはま》を中核にした首都圏である。

現在、人口1000万人以上の「メガ都市」が次々に出現している。国連統計によれば、2018年現在20カ国に33のメガ都市がある（図1－4）。都市域の範囲の定義の違いから統計によって数が異なるが、ここでは国連統計に従う。世界最大の都市は東京・横浜を中核にした首都圏であり3700万人の人口を抱える。これに、デリー2900万人、上海《シャンハイ》2600万人、サンパウロとメキシコシティの2200万人がつづく。

アジア大陸には、メガ都市のうち20があり、世界の都市人口の半分以上が住んでいる。2030年にはメガ都市は43に増加して、そのほとんどが途上地域に存在することになる。

とくに、2000万人を超えたメガ都市は「メタ都市」または「ハイパー都市」と呼ばれる。日本の首都圏は「メタ都市」の第1号で、1960年代半ばに2000万人に達した。だが、今後は首都圏の人口は減少する見通しで、2050年までに約1300万人に減少して、10年以内にデリーに抜かれそうだ。

10年ほど前に2000万人を超えたデリーは驚異的な人口増大が止まらず、2030年に3900万人に達して世界最大の都市になると予想される。カイロもすでに2000万人を突破した。ムンバイ、北京、ダッカでも2000万人に迫っている。

メキシコシティとサンパウロは、南アメリカの主要な大都市圏だ。だが、近年、メキシコシティは経済成長が低迷し、サンパウロも景気後退や失業率の上昇などで人口増加率が落ち込んでいる。

世界のメガ都市には5億2900万人、つまり世界の都市人口の約8分の1が住む。メガ都市は時代を反映している。たとえば、1970年から90年にかけて、ニューヨーク圏、パリ、大阪の3つのメガ都市が誕生した。これら先進地域の都市は、年に1%未満の増加率でゆっくりと拡大してきた。

一方で、デリー、イスタンブール、カラチ、ラゴス、キンシャサ、ダッカ、深圳《しんせん》などの途上地域では年率4%を超えて、都市化が加速している。

人口が集中する都市は平面に広がるのには土地やインフラの限界があり、上へ上へと伸び

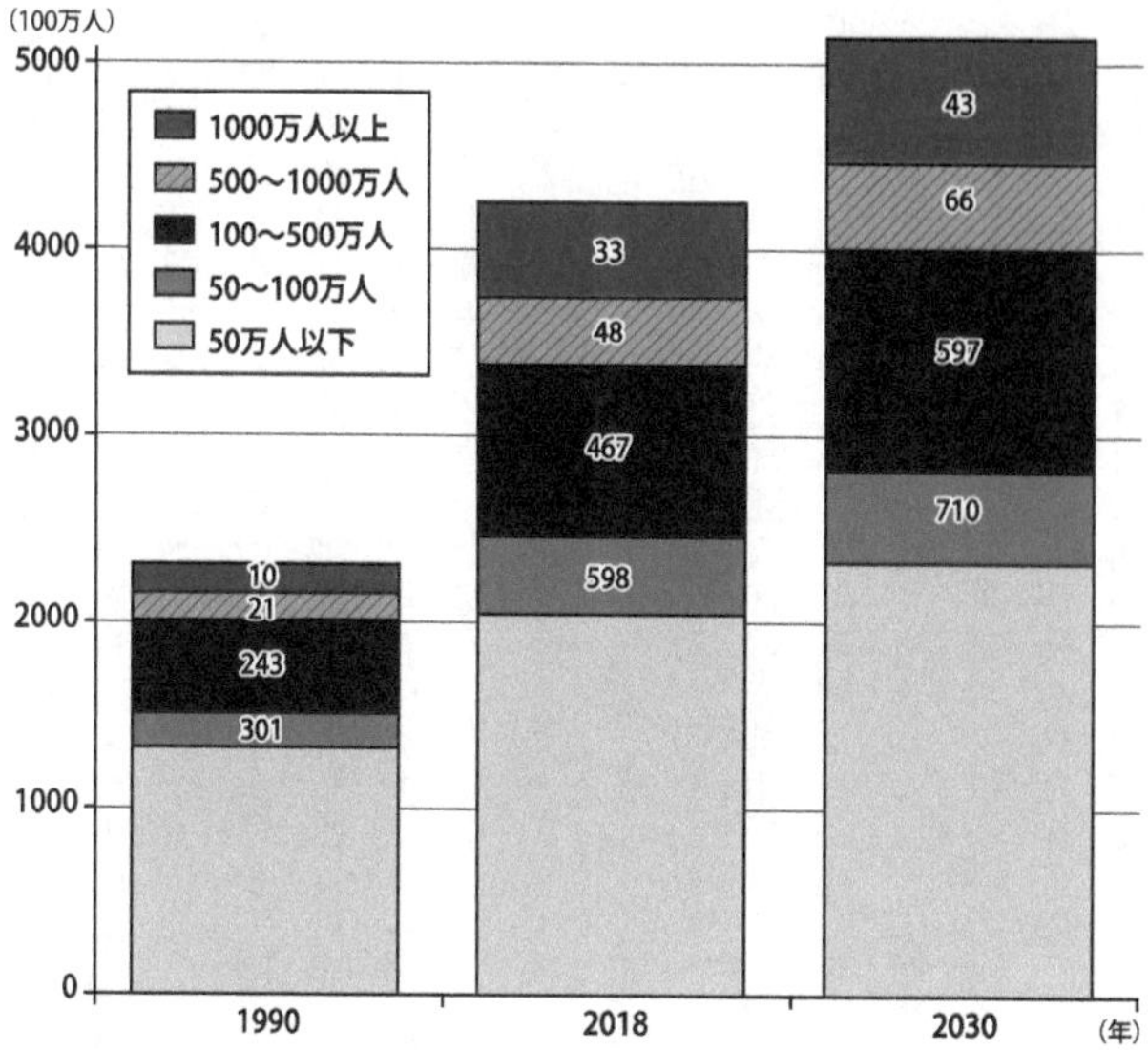

図1-4　急増する世界の巨大都市（出典　図1-2と同）

上がって、高層のコンクリート建築が増えていった。

はじめて高さ300メートルを超えた超高層ビルは、1930年にニューヨークのマンハッタンに姿を現した319メートルのクライスラービルだった。

だが、翌年には同じニューヨークに381メートルの「エンパイア・ステート・ビルディング」が竣工《しゅんこう》してあっさり抜いた。愛称は「スカイスクレイパー（摩天楼）」。まさに「天を摩《ま》する」偉容だった。1972年に高さ417メートルのワールド・トレード・センターの北棟（2001年の同時多発テロで崩壊）

に抜かれるまで、42年間世界一の座を守った。

アメリカに本部を置く高層ビル・都市居住協議会（ＣＴＢＵＨ）が２０１９年末に発表した世界の高層ビルのリストによると、３００メートル以上の超高層ビル（本体部分のみ）が世界で１７８本もある。このうち88本までを中国が占める。

大都市はビル建設の立地難から、ビルはいよいよ天に向かって伸びていく。もっとも高いビルが２０１０年にアラブ首長国のドバイに完成した「ブルジュ・ハリファ」（第二章）の８２８メートル。2位が上海の「上海中心」（６３２メートル）、3位がメッカ（サウジアラビア）のアブラージュ・アル・ベイト・タワーズ（６０１メートル）、4位が深圳の「平安国際金融中心」（６００メートル）、5位が天津《てんしん》の「高銀金融１１７」（５９７メートル）。日本では１６９位にやっと顔を出す「あべのハルカス」（３００メートル）が国内最高だ。

ニューヨークや首都圏などの大都市では、人口増加と経済発展に伴い、オフィスビルの需要から立地条件のよい場所に高層ビルが建てられた。しかし、今や途上地域で奇抜なデザインの超高層ビルが次々に建てられるのは、国威や経済力を誇るためのものとしか思えない。

増えつづける建設物は、際限なく砂を呑《の》み込んでいる。ブルジュ・ハリファの建設には、約76万トンのコンクリートが使われた。このうちの7割、つまり約53万トンが砂という計算になる。世界で2番目に高い「上海中心」は、６３２メートルのビルを支える基礎部分だけで14万トンものコンクリートを打ち込んだ。オリンピックサイズのプール132杯分になる。

超高層ビルの4割以上が建つ中国は、年間25億トン近いコンクリートを消費している。アメリカが20世紀の100年間に使ったコンクリートの総量は45億トンだから、中国の2年分にもおよばない。ビル・ゲイツは、2014年に自分のブログ「The Gates Notes」で中国の発展ぶりを紹介するのに、「中国は過去3年間で、アメリカが20世紀全体を通して使った量よりも多いセメントを使った」と語ったほどだ。

巨大ビルの建設ラッシュにあって、砂の需要が増えつづけている。国際貿易センター（ITC）によると、2018年の砂輸入額のトップ5は、①シンガポール　②カナダ　③オランダ　④ベルギー　⑤UAE、である。一方、輸出額では、①米国　②オランダ　③ドイツ　④ベルギー　⑤オーストラリア。

UNEPの推定によれば、砂の国際貿易は毎年5・5％の勢いで成長している。年率約3％伸びている世界の貿易量のなかでも、砂取引の伸びは突出している。

都市化の功罪

欧米や日本で都市化が進んだ理由は、雇用だけではなく娯楽、情報、医療、教育の施設が集中していることが大きい。インフラがそろった都市の生活は快適だ。多くの人びとがチャンスを求めて都市へ移動するのは当然である。労働者や人材が集まり、経済活動が活発化して、都市部は人材ばかりか資源やエネルギーを吸い上げて、さらなる経済の成長をもたらした。

都市の拡大とともに、先進地域における住民のライフスタイルも一変した。日本でも木造住宅からコンクリート建ての高層の集合住宅への大移動が起きている。世帯数に占める分譲マンション戸数の割合を「マンション化率」という。

「不動産データバンク」の東京カンテイの調査によると、2018年の全国のマンション化率は12・5%。居住人口からみても1億2700万人の人口のうち1533万人がマンション生活と推定される。分譲マンションのストックも、1999〜2018年の20年間に約2倍になった。

大都市圏では、とくにマンション化率が高い。東京都は27・4%でトップ。次いで神奈川県が22・8%、大阪府が19・4%とつづく。さらに区単位でみても、大都市では軒並み半数を超える。

集合住宅の急増は、核家族化、単身世帯や高齢者世帯の増加、交通や買い物の利便性、防犯性などから、先進地域に共通した現象である。とりもなおさず、都市のコンクリート化を推し進めている。

だが、物やエネルギーが大量に消費される先進国の都市では、その陰で廃棄物の急増、大気汚染、騒音、振動などの公害が住民を悩ませてきた。

途上地域でも、都市に人口が集中するにつれて、道路にあふれる自動車による渋滞・交通事故・排ガス、工場の排煙・廃液による環境汚染、家屋の密集による災害時の被害増大の危険性などの問題が深刻になっている。

日本では、マンションの老朽化と建て替え問題が社会問題化している。築30年以上が経過したマンションは約185万棟、そのうち築40年以上が約70万棟もある。30年以内に70％の確率で発生するとされる首都直下型地震では、マンションの倒壊は比較的少ないが上層階では大きな被害が想定される。

一方で、途上地域の大都市では、人口の流入からスラム化が深刻になっている。途上地域では、地方から多数の農民が職を求めて都市に集まってくる。その多くは満足な収入もなくスラムに直行する。国連居住計画（ＨＡＢＩＴＡＴ）は、世界の都市に住む42億人のうち、10億人はスラム人口とみている。

ＨＡＢＩＴＡＴが東アジア・太平洋地域を対象にした調査によると、都市住民の中のスラム住民の割合は、カンボジアで約55％、ミャンマーで41％、フィリピンで38％を占める。タイ、インドネシア、ベトナムなどでも20％を超えた。

中南米でも、大都市の周辺にスラムがひしめいて、近年の政治的混乱や治安の悪化を招いている。未来都市として1960年代につくられたブラジルの新首都ブラジリアは、何もない草原にいきなり斬新《ざんしん》なデザインの巨大ビルが立ち上がった人工都市である。だが、全国から集まってきた建設労働者は完工後も街に残って首都周辺に住みつき、巨大なスラムをつくっている。未来都市とそれを取り巻くスラム街は、この国の抱える矛盾の象徴でもある。

また、都市に住む若者の失業率は一般的に高く、2010年にアラブ・北アフリカ諸国で起きた民主化運動「アラブの春」では都市に住む職のない若者が反乱の中核になった。独裁政権の圧政に苦しめられてきた若者たちには、民主化の希望に燃えた「春」だった。だが、その希望はすぐに絶望に変わり、「アラブの春」はわずか5年で暗転してしまった。

過密な都市は、感染症の温床でもある。つねに、マラリア、コレラ、寄生虫症、性感染症、インフルエンザなどがはびこり、アフリカからはじまり、世界的に大流行したエイズはスラムで感染爆発が起きた。

2019年暮れには中国の武漢《ぶかん》市からはじまった新型コロナウイルスの流行が、全世界を巻き込んで今世紀最大のパンデミックになった。これも、都市の過密を抜きには考えられない。飛沫《ひまつ》感染するウイルスにとって、人口の集中という絶好の環境をつくってしまった。

第二章　資源略奪の現場から

中国の都市化

途上国の大都市の変貌《へんぼう》がすさまじい。何年か間をおいて訪ねると、まったく変わっていて同じ街とは思えない経験をたびたびしてきた。この巨大化していく都市が、その成長過程でどれだけ貪欲《どんよく》に砂を呑《の》み込んできたのだろうか。中国の上海でみてみたい。

国連の「世界都市人口予測2018年版」によると、中国の人口は18年に14億人を超え、その59%が都市に居住する（図2－1）。人類史上例のない速度で都市化へ向けて驀進《ばくしん》している。中国の都市人口は世界最大で、18年には8億3700万人、世界の全都市人口の20%を占める。アメリカ、インドネシア、ブラジル3国の人口を合わせたよりも多い人が街に住む。

中国の都市化の特徴は、大都市が新たに数多く誕生していることにある。1970年当時、人口500万人を超えていたのは上海だけだった。ところが2018年には10都市、つまり上海、北京、重慶《じゅうけい》、広州《こうしゅう》、武漢、天津、香港《ホンコン》、深圳、東莞《とうかん》、瀋陽《しんよう》が500万都市になった。

世界で、もっとも人口増加の激しい10の都市のうち、7つまでが中国にあり、それ以外は、アブジャ（ナイジェリア）、マラップラム（インド）、ドバイ（アラブ首長国連邦）の3都市だ。

中国の都市人口は、2025年には10億人に迫る。そのとき、都市居住者は新たに2億5500万人増える。世界で人口の多い200都市のうち47を中国が占めることになり、22

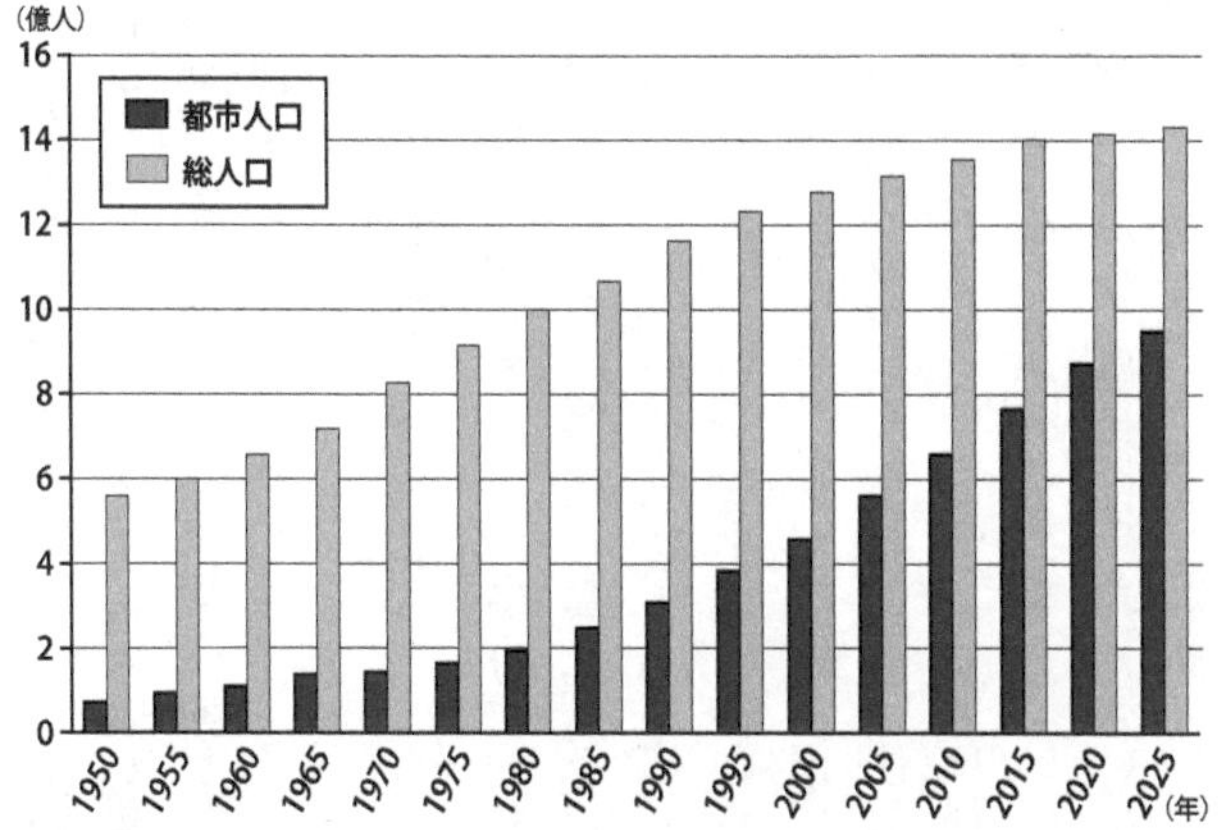

図2-1　中国の人口と都市化の推移（1950～2025年）。2020年以降は予測（出典　図1-2と同）

都市が人口５００万人以上、８都市が１０００万人以上のメガ都市となる。

このすさまじい数字の背景には、こんな現実もある。第73回ベネチア映画祭で2賞を受賞した、王兵《ワンビン》監督の『苦い銭』（日本公開２０１８年）は、地方から大都市に出てきて縫製工場で働く「農民工」と呼ばれる労働者らの日常を描きだしたものだ。

そこにあるのは、貧しさから逃げ出すために大都市に出稼ぎにきたものの、貧困から抜け出せずに１元の金に一喜一憂しながら生活する労働者の姿だ。最後は「働けど働けど」というコピーで締めくくられる。希望を抱いて都市に出てきたものの、搾取されながら低賃金で働かねばならないものが都市の膨張を支えている一面を映し出している。

1970年代末にはじまった改革開放政策以後、農村部は都市部との大きな格差から、農村から都市への大規模な人口移動が起き、都市の数は193から672に増えた。政府は、公共交通網の整備で都市化を後押しした。だが、依然として『苦い銭』に描かれた格差は残されている。

戸籍制度の緩和

中国の都市化を語る上で避けて通れないのが戸籍制度だ。すべての中国人の戸籍は、農村戸籍（農業戸籍）と都市戸籍（非農業戸籍）に分けられている。1950年代後半に、都市住民への食糧供給を確保するために導入された制度だ。

それ以来、農村から都市への移動はきびしく制限されて、自由に移動することはできない。「農民工」と呼ばれる都市で働く出稼ぎ労働者は、農村戸籍のまま都市で働く日陰の存在だ。賃金は安く都市住民と同じ医療、住宅、教育などの公共サービスを受けられない。

すべての点において農村戸籍者は都市戸籍者に比べて不利であり、大学進学、結婚、就職、住宅購入などで差別されてきた。以前に北京大学で教鞭《きょうべん》をとっていたとき、黒竜江《こくりゅうこう》省出身の大学院生から「農村に生まれたというだけの理由で、都市出身者の何倍もがんばらなければならなかった」と、理不尽さを切々と訴えられたことがあった。彼女は、かつて南アフリカにあったアパルトヘイト（人種隔離）政策と何ら違わない、と憤っていた。

「農民工」の存在が経済成長を支えたことも事実だ。地方から仕事を求めて都市にやってきた農民工は、劣悪な労働条件や安い賃金のもとで働かざるを得なかった。「9億の農民を搾取する4億の都市住民」という批判をかつては耳にした。

しかし、都市の人手不足や人材難から「戸籍差別」をつづけることがむずかしくなってきた。政府は農村地域の貧困軽減の政策手段として、都市化の推進のために都市戸籍の取得制限を緩和する方針を打ち出した。2019年の全国人民代表大会で報告された政府工作（活動）では、2018年には農村の貧困人口が1386万人減少したことを強調し、19年以後もさらに1000万人以上減少させることを政策に掲げた。

その手段として、地方の貧困地域から都市に流入した農民工に都市戸籍を与える「市民化」を進めてきた。地方都市でも、戸籍制限が撤廃ないし緩和されつつある。その結果、約9000万人の農民工が都市戸籍を取得し、人口に占める都市戸籍の保有者は、2000年の36％から2018年には44％に上昇した。これが都市の膨張をうながした。

一方で、北京や上海などではすでに人口が過剰になり、住宅取得価格の高騰、大気汚染、交通渋滞などの大都市の抱える問題が深刻化している。今後は、500万人以上の巨大都市では戸籍取得を制限し、それ以下の人口300万～500万都市では緩めていく方針だ。

上海の驚異的な発展

大都市の変貌のなかでも、上海の発展のスピードには度肝を抜かれる。1970年代はじめに訪れたとき、もっとも高いビルは高級ホテルの「上海国際飯店」だった。南京東路《ナンキンとうろ》に1934年に開業した格式の高いホテルだ。84メートルの22階建てビルは、1983年まで上海の最高層のビルだった。

清《しん》時代の1842年にアヘン戦争に敗れた後、南京条約によって上海市内にイギリス、アメリカ、フランス、日本が相次いで租界と呼ばれる居留地を設けた。太平洋戦争の開戦とともに日本軍が各国の租界を占領し、約100年にわたる租界時代が終わった。だが、国際色豊かな文化や町並みは残された。

日本の敗戦によって1949年に中国共産党が政権を握った後、上海は中国最大の貿易港として工業、科学技術の中心になった。その後は文化大革命の発端となり、一時は経済が停滞したものの改革開放政策以来、ふたたび繁栄を取り戻した。

上海の中心を流れる黄浦江《こうほこう》の右岸を占める浦東新区は、国務院が1992年に「国家の重大発展と改革開放戦略の中核とする総合機能区」に指定し、国際的な金融、貿易、経済のセンターになった。92年以降、大規模な開発が行われ、金融機関や高級ホテルなどが入った超

写真2-1　上海のシンボル浦東新区

高層ビルが立ち並ぶ新都心へと大きく変貌した（写真2－1）。

一方で、黄浦江をはさんだ左岸の一帯は、かつての租界地区であり行政と経済の中心だった。上海のランドマークは、468メートルのテレビ塔「東方明珠電視塔」。1994年の完成当時はアジアでもっとも高い鉄塔だったが、現在は東京スカイツリーと広州塔に抜かれてアジアで3位に下がった。展望台からの眺望やライトアップされた夜景は観光名所でもある。

この電視塔が完成したころから、上海の街は大きく変貌をとげはじめた。いたるところで建設工事がはじまり、街中に高いクレーンが林立するようになった。現在では200メートル以上のビルが56本もあり、

400メートル以上に限っても7本ある。

こうして、欧米をしのぐ多くの高層ビルが建設され、道路や橋やその他のインフラが整備されて、超近代的な街に生まれ変わった。かつては王侯貴族が巨大な城を誇り、教会が大聖堂の尖塔《せんとう》の高さを競い合い、それらは富と権力と威信の象徴だった。今や高層ビルが経済発展を誇示するものになった。

道行く人の服装もおしゃれになり、繁華街のショーウィンドウには世界で最先端のファッションが並ぶ。以前は地元大学の同僚とランチをしても私が払うのが当然だったが、払ってくれることも多くなり、その値段は東京なみである。

十数年前には道路ではけたたましいクラクションがなりひびき、信号無視は当たり前で、交差点には四方八方から自動車が突っ込んできた。横断歩道をわたるのは命がけだった。だが、クラクションの音もまず耳にしなくなった。運転もすっかりお行儀がよくなった。

監視社会の上海の街ではどこにでも監視カメラがあり、高性能の画像認識技術によって個人の行動が監視されている。違法な運転をすればたちまち捕まる。あの怒濤《どとう》のような経済発展と同じぐらいの驚きの変化だ。

採掘で自然災害が甚大に

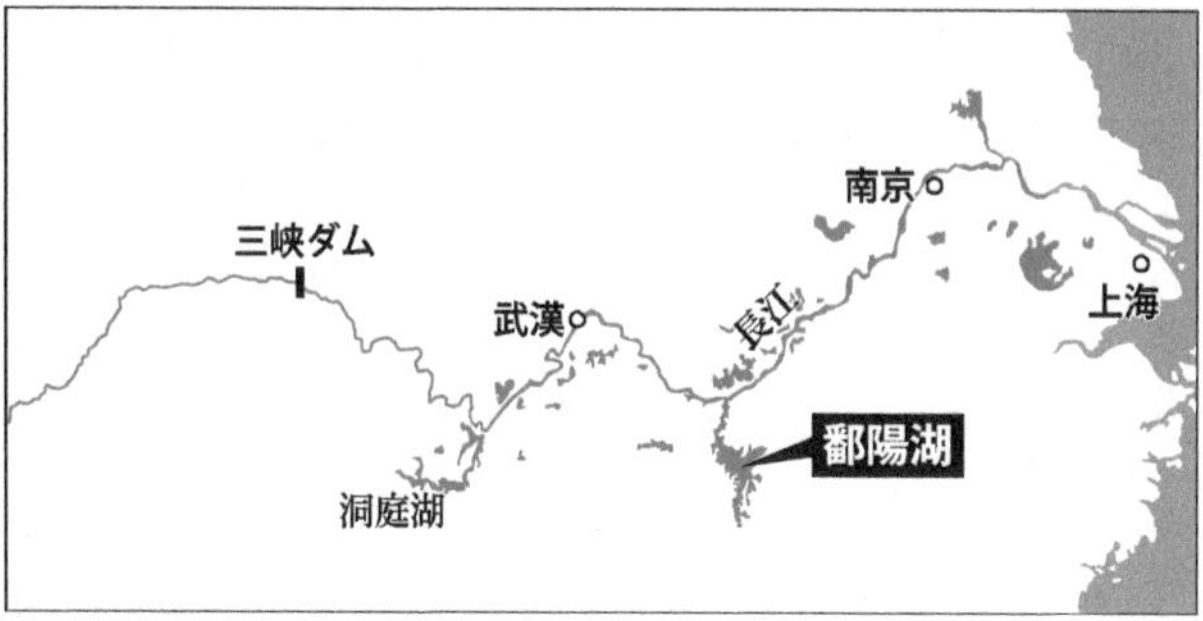

図2-2　鄱陽湖

急速な都市化に牽引《けんいん》されて、中国は世界がこれまで経験したことのない「建設ラッシュ」のさなかにある。道路、橋、トンネルなどのインフラ、オフィスビル、タワーマンション、ショッピングセンターなどの巨大な建造物が毎日のように新たに姿を現す。

都市建設によって砂の需要が急激に伸びてきた。2018年に中国の建設用砂の需要は約40億トンを超えた。中国のセメント消費量も過去20年間で4・4倍になった。中国は世界の砂消費量の6割を占め、20世紀には世界の建設を支配した米国を大きく超えた。

砂は、岩が川を運ばれながら、砕かれ磨かれて作られる。川の上・中流部では砂利や砂が盛んに生産されるが、中国の長江《ちょうこう》や黄河《こうが》などの大河では上流から河口までの距離が長いため、砂はさらに細かく砕かれて下流に達したときには、泥や細かいシルト（第三章）になっている。

中国で砂が採掘できるのは、長江中流の鄱陽湖《はようこ》（図2

－2）、北朝鮮に隣接する東北地方や山東《さんとう》半島、浙江《せっこう》・福建《ふっけん》・広東《かんとん》・海南《かいなん》各省、そしてベトナムと国境を接する広西《こうせい》壮《チワン》族自治区にまたがる南東海岸地方などに限られる。これらの地域には良質の砂利の原料になる花崗岩《かこうがん》が広く分布しているからだ。

上海中心部に壁のように立ち塞《ふさ》がる高層ビル群を眺めていると、これら建造物が呑み込んだ砂は、いったいどこから運ばれてきたのだろうか、という疑問に囚《とら》われる。１９８０～90年代は、長江沿岸で採掘された砂に頼ってきた。しかし、川岸や河床の砂が奪われ、その結果、橋や堤防が崩壊して洪水が発生した。

98年には長江下流で、被災面積は約20万平方キロ（日本のほぼ6割）、被災者は2億２０００万人、死者は４０００人に達する大規模な洪水が発生した。被災者は中国の全人口の5分の1に相当する。

２０２０年7月にも、連日の豪雨で長江の中・下流域はふたたび大洪水に見舞われた。鄱陽湖の水位は、これまでの最高だった１９９８年の洪水を超えた。このため、政府は鄱陽湖の堤防を人為的に破壊して、水を農地に流して水位を抑える強行手段に訴えた。

中国共産党の旗を掲げたショベルカーが堤防を掘り崩している動画がネット上に出回り、「下流の武漢を守るために鄱陽湖を見捨てた」と非難の書き込みが殺到した。政府の発表によると、この洪水で江西《こうせい》省、安徽《あんき》省、湖北《こほく》省など27省で少なくとも約６３００万人が被災し、

写真2-2　鄱陽湖から砂を運び出すはしけ（Jin Jiefeng撮影）

5万棟の家屋が倒壊した。

政府は2000年に長江の中・下流の砂の採掘を禁止した。このため、砂の採掘場所は、上海から600キロ上流の江西省北部の長江南岸にある鄱陽湖に移動した（写真2－2）。湖は中国最大の淡水湖であり、長江から5本の支流が流入している。このため、湖面は季節により146平方キロから3210平方キロまで大きく変動する。長江の増水のときには遊水池の役目を果たしてきた。

鄱陽湖と長江の合流地点にある石鐘山《せきしょうざん》は昔から美しい風景が愛《め》でられてきた。北宋《ほくそう》時代の著名な文人で政治家だった蘇軾《そしょく》は、1084年に石鐘山を訪れて有名な散文『石鐘山記』を書き下ろした。

犠牲になる生き物たち

長江で砂採掘が禁止された直後の2001年、鄱陽湖には何百隻もの中・小型の砂浚渫《しゅんせつ》船と、数千人の労働者が殺到した。中国やアメリカの研究者グループが、人工衛星の画像から湖を出入りする運搬船の数を調べて砂の搬出量を推定したところ、年間2億3600万立法メートル（東京ドーム約200杯分）にものぼった。人工衛星写真には、数百隻の採掘船が写っている。これは、中国における砂需要の9%に相当する。

鄱陽湖は世界最大の砂の供給地になった。この砂が長江下流の上海や武漢などの大都市に運ばれて、建造物やインフラの建設を支えた。

砂採掘の方法は、パワーシャベルを川岸や浅瀬に並べて砂をかき取るというものだ。それでさらえる砂を取り尽くすと、採掘船の先端にアームのついた吸引ポンプを取りつけて、川底から吸い上げる。大型の機械では、1時間に1万トンもの砂を吸い上げることができる。集めた砂は運搬船に積み替えるか、いったん岸に積み上げてトラックで運び出す。

しかし、鄱陽湖は渡り鳥の重要な渡来地で貴重な生物が多いことから、採掘への批判が世界的に高まってきた。地元の江西省政府は砂採掘を2008年4月に一時的に禁止し、影響評価を実施した。

その結果、野生生物への影響、予想される今後の砂の生産量、地域への経済的影響などの

写真2-3　世界のソデグロヅルの9割が越冬する鄱陽湖（Zeng Zhongjie撮影）

評価を踏まえて、採掘規模の縮小を決定した。しかし私が、湖で渡り鳥の調査をしている中国の研究者に直接たずねたところ、依然として多くの運搬船が出入りして採掘は現在も変わらずつづいているという。

その研究者の報告によると、河川から流入する砂の量の30倍もの砂が採掘された結果、湖面は広く深くえぐられ生態系は大きく変わった。１９９５年と２０１３年のアメリカ航空宇宙局（ＮＡＳＡ）の衛星からの画像は、中国の鄱陽湖と長江を結ぶ水路の地形が、砂の採掘によって大きく変わったことを示している。湖に流入する河川の流れが変わって周囲の湿地が失われたことを衛星画像は写し出していた。

鄱陽湖は漁業資源が豊富で数千人の漁民が暮らしてきた。だが乱獲などによって漁獲量が減少し、２０２０年１月から資源保護の目的で春と冬は全面禁漁になった。この結果、１０００年以上もつづいてきた伝統漁法の鵜飼《うかい》が存続の危機に立たされている。

湿地が広がる鄱陽湖は国立自然保護区であり、湿地保護のラムサール条約登録地に指定された東アジア最大の渡り鳥の越冬地でもある。鄱陽湖ではこれまで381種の鳥が記録され、中国の全鳥類の約28%が観察されている。このうち12種が絶滅危惧《きぐ》種だ。

ユーラシア大陸各地から50万羽もの渡り鳥が集まってくる。ソデグロヅルは世界の個体数の90%以上、マナヅルの約50%、サカツラガンの約60%がここで越冬する（写真2－3）。

とくに、鄱陽湖を有名にしたのはソデグロヅルだ。全身の羽衣は白く、額から顔にかけて羽毛が無く赤い皮膚が露出する。かつてユーラシア大陸北部に広く分布していたが、狩猟や生息地の破壊によって、現在では世界で約3200～4000羽ほどに減り、絶滅危機種に指定されている。

鄱陽湖で水鳥の保護に取り組んでいる国際ツル財団（本部はアメリカ・ウィスコンシン州）は、砂の採掘によって湖の水位が変わって、生息環境が大きく損なわれたという。ソデグロヅルなどは湖の浅い場所で水中の草や魚を取って生きているため、水深の変化や採掘船の立てる騒音や堆積《たいせき》物の攪拌《かくはん》によって、鳥たちが安心して餌《えさ》を取れなくなっている。

哺乳《ほにゅう》類でもっとも絶滅が心配されているのは、ヨウスコウカワイルカだ。世界で4種が知られる淡水産イルカの1種で、洞庭湖《どうていこ》と長江中流域に生息していた。1950年代には生息個体数は約6000頭と推定されたが、その後急速に減った。

本格的な調査をした1997年には13頭にまで減り、2006年の大がかりな調査でも確認できなかった。散発的な目撃例はあるものの確認されたものはない。砂の採掘、魚類の乱獲、船舶の増加、水質汚染などが原因とみられる。とくに三峡《さんきょう》ダムの建設によって、生息環境が大きく変わってしまったことは打撃になった。

シカの1種シフゾウは、古くは中国北部から中央部にかけての沼沢地に生息し、鄱陽湖一帯にも数多く生息していた。中国では20世紀はじめに姿を消したが、イギリスの貴族が修道院の敷地で飼っていたために絶滅は免れた。この生き残りを元に繁殖に成功して、1985年から中国各地で野生に戻されるまでに復活した。

2018年には鄱陽湖の湿地に47頭が放たれ順調に増えている。日本でも、多摩《たま》動物公園など4ヵ所で見ることができる。2018年に江西省水資源局は「鄱陽湖生態環境特別規則の砂採掘規制の実施計画」を発表して、採掘の規制を強化し、採掘禁止区域を拡大することを発表した。その効果のほどは不明だ。

中国政府商務部は2007年3月、国内の需要増や環境保護を理由に砂の対日輸出を大幅に規制した。それまでは、日本国内の水道浄水施設で使用する濾過砂《ろかずな》を中国産に頼っていた。以前は年間約600万トンを輸入していたのが、その後には輸入は半減した。

朝鮮半島を狙う中国

砂不足が深刻化してきた中国は海外に目を向けている。かつては近隣国に輸出していたが今や輸入国になりつつある。アメリカのシンクタンク「C4ADS」は2020年3月、北朝鮮が中国側に砂を輸出しているとする情報を公開した。2017年12月に国連安全保障理事会が可決した対北朝鮮制裁決議で、砂は禁輸品目に加えられ輸出は決議違反である。

公開された衛星写真には、北朝鮮南部の海州《かいしゅう》市の港で中国旗を掲げた279隻の中国船が砂を積み込む現場が写されていた。国連の調査委員会が4月に発表した報告書によると、北朝鮮が2019年5月から12月末までに100万トン以上、額にして2200万ドル相当の砂を中国に輸出した。韓国のNGO「北朝鮮民主化ネットワーク」の新聞「デイリーNK」は、国連決議後にも北朝鮮は再三、中国に輸出して外貨を稼いできたと報じている。

中国の砂資源がいかに払底しているかは、こんな事件が物語る。中国と台湾の緊張がつづいている台湾海峡で2020年6月、台湾の沿岸警備隊の2隻の巡視船が海砂を盗掘していた中国の浚渫船を拿捕《だほ》、10人の乗組員を高雄《たかお》に連行する事件が発生した。

中国本土の沿岸域では海砂の採掘が禁止されている。だが、海峡の南部にある台湾浅堆《せんたい》では、2万7000トン級の運搬船を伴った中国の浚渫船がひんぱんに出没して、海砂を違法に採掘してきた。

海域は台湾と中国の中間線の台湾側であり、台湾の排他的経済水域内である。それを無視して、毎日10万トンにものぼる海砂を採取していたと推定される。台湾の漁民は、採掘によって漁場が被害を受けているとして、取り締まりを政府に要望していた。

アラブ首長国連邦のドバイ

発展の速度で東の上海と並び称されるのが西のドバイであろう。もしも、資源やエネルギーを過剰に消費するのが「悪」というのなら、ドバイはまさに悪の権化である。惜しげもなく、しかも悪びれることもなく、砂漠のなかに莫大《ばくだい》なコンクリートとエネルギーをふんだんにぶちまけて、超巨大な人工空間をつくり上げた（写真2－4）。砂を奪われて日々の生活さえ脅かされている人びとにとって、理解をはるかに超えた虚構の世界だ。

ドバイで自然を求めるなら、街を取り巻く砂漠と太陽と星空ぐらいだろう。海に出ても人工のビーチと人工の島だ。約450種もの動物を放した野生生物保護区域や、4億5000万本の植物を集めた「ミラクルガーデン」もある。しかし、自然というにはあまりに人工的だ。

ガイドブックを広げれば、うんざりするほど「世界一」が並んでいる。幅275メートル、高さは150メートル（ビル50階！）まで噴き上がる噴水の「ドバイ・モール・ファウンテン」。さまざまな形で噴き上がる水と光と音楽のショーだ。ここの巨大な人工池にはボートツアーまである。ここは水が貴重な砂漠のど真ん中である。

「ドバイ・モール」は、総面積111・5万平方メートル。東京ドームにして約23個分もの広さを誇る世界最大のショッピングセンターだ。レストラン、カフェ、スーパーに加えて、水族館や22のスクリーンを持つ映画館まである。店舗数は約1200。年間の来店客数は8000万人を超える。

モールでの売り物は「アイススケートリンク」。フィギュアスケート競技の公式会場としても使える。そこに併設された人工雪の屋内スキー場は幅80メートルで長さが400メートルもあり、屋内スキー場としては世界最大である。いずれも、世界でもっとも暑い場所にあるウインタースポーツ施設であろう。

「ブルジュ・アル・アラブ」は高さ321メートル。VIP専用のヘリポートもある世界で唯一の「7つ星ホテル」と称している。ヨットの帆のような外観が特徴で、その独特の形からドバイのランドマークでもある。

大都会の空中を駆け抜ける「ジップライン・ドバイ」は全長1キロと世界最長。ワイヤーロープをハーネスに装着して高層ビル群の間をぬって滑空できる。「ドバイメトロ」は2路

写真2-4　砂漠の中に突如出現した未来都市ドバイ（PIXTA）

線で全長75キロ。世界最長の無人鉄道。2018年に完成した「ドバイフレーム」は、ドバイの旧市街と新市街のちょうど中心に建つ黄金の超巨大な額縁だ。2019年には「世界最大の額縁」としてギネスに認定された。

なかでも圧巻の世界一は、「ブルジュ・ハリファ・タワー」であろう。160階建て828メートルの高さは、東京スカイツリーの1・3倍もある世界一高いビルだ。展望台からは360度の異次元の世界が広がる。林のごとく埋め尽くす高層ビル群。眼下を見渡せば美しいウォーターパーク、少し視線を上げれば砂漠地帯。

だが、これさえも抜かれる運命にある。建設中の1000メートルを超える「ドバイ・クリーク・タワー」が2021年に完成の予定だ。

300を超える人工島

ペルシャ湾（アラビア湾）に浮かぶ葉を広げたヤシの木のような形（図2－3）。「パーム・ジュメイラ」は、宇宙からも見えるというのがうたい文句の世界最大の人工島だ（写真2－5）。幹の部分から16本の枝が伸びて高級住宅街になっている。周囲は全長11キロの三日月形の防波堤に取り囲まれている。敷地は5・7平方キロあり、その面積はサッカー場800面分にも相当する。

これより大きな「パーム・ジュベル・アリ」と個人所有の「ザ・ワールド」を含めて人工島の数は300を超える。一般に公開されているのはパーム・ジュメイラだけだ。高級レジデンスやリゾートホテル、レストラン、ウォーターパーク、ショッピングモール、スーパーなどが軒を連ねてひとつの大きな街ができている。

また、「世界のゴルフ場トップ100」にも選ばれた「ジュメイラ・ゴルフ・エステーツ」にあるバンカーをはじめとして、ドバイに数多くつくられたゴルフコースには、輸入した砂が使われている。白いバンカーの砂はアメリカ・ノースカロライナ州産だ。砂漠の砂ではさらさらしすぎてゴルフボールが沈んでしまうのでバンカーには使えないという。

UAEは1991年に競馬場がオープンしてから、わずか20年で中東を代表する競馬産業を築き上げた。ドバイメイダン競馬場では多くの重賞レースが開催される。ダートの砂はド

図2-3　ドバイの拡大図。明らかに人工的な海岸線

写真2-5　人工島「パーム・ジュメイラ」。別荘や大型のホテルなどが並ぶ。枝葉の部分は居住エリアで関係者以外は立ち入れない（iStock）

イッに注文している。地元の砂に比べてはるかに吸収性が高く馬へのダメージが少ないという。

投入された資源量をみてみよう。ブルジュ・ハリファの建設には、76万トンの高性能コンクリート（オリンピックサイズのプールにして132杯分）。それに3万9000トンの鋼鉄、10万3000平方メートルのガラスが使われた。ビルを支える基礎には、長さ50メートルのパイルを192本埋め込み、11万トンのコンクリートを流し込んだ。砂はオーストラリアから輸入されたものだ。

ドバイ沖合に造成されたパーム・ジュメイラは3億8500万トンの砂を投じて埋め立てられた。他の約300の人工島も合わせると8億3500万トンの砂が必要だった。ビーチは、爆破して採掘した700万トンの岩を沈めて基礎にして、その上に海底から吸い上げた1億2000万立方メートルの砂を盛り上げた。これら人工島によって、ドバイの海岸線は約520キロ長くなった。

ドバイのひとりあたりの平均水消費量は年間約740立方メートルで、世界平均の約1・5倍もある。この大部分は海水を淡水化したものだ。年間の総電気消費量の約30％が海水淡水化装置に使われる。

中世から近代へ――ドバイの歴史

改めてドバイの歴史を振り返ると、アラジンの魔法のランプをこすったかのように、わずか半世紀でＳＦに出てくるような超モダン都市をつくり上げた。一気に中世から近代へタイムスリップしたかのようだ。この地に、アブダビの首長ナヒヤーン家と同じバニー＝ヤース部族のマクトゥーム家が、１８３０年代にアブダビから移住してドバイ首長国を建国した。

かつては、ペルシャ湾に面した小さな漁村にすぎなかった。石油発見以前のペルシャ湾一帯は高品質の天然真珠の産地だったが、20世紀初頭に御木《みき》本幸吉《もとこうきち》が真珠の養殖に成功したことから競争力を失って衰退していく。

１８５３年に他の首長国と同時にイギリスの保護国になった。イギリスはドバイを他の英領植民地と結ぶ中継地とし、20世紀に入ると貿易港として発展していった。第２次世界大戦後の１９５８年のアブダビに次いで、66年にはドバイ沖で海底油田が発見された。これが、莫大なオイルマネーをもたらした。石油利権をにぎる王族から次々に「石油王」が生まれた。

１９７１年のイギリス軍のスエズ以東からの撤退に伴って、他の６カ国の首長国とともにアブダビを首都とするアラブ首長国連邦（ＵＡＥ）を結成した。ＵＡＥの首相となったラーシド首長は、原油依存の経済から脱却して産業の多角化を推進した。１９８５年に開設した経済特区と大型港湾、それにエミレーツ航空の就航によって、外国の資本と企業が進出して急速に発展しはじめた。

とくに、2003年以降の発展はめざましい。今や中東を代表する都市国家になり、中東の各国との流通拠点として、また中東の金融センターとしての地位を固めた。

ドバイの人口は1980年の時点でわずか28万人足らずだった。それが2009年から2018年までの10年間で約177万人から319万人へと1・8倍にも増加した。建設ラッシュによって海外からの労働者が大量にドバイに流入する等、外国人の人口が大幅に増えたからだ。

ドバイの人口に占める自国民の割合はわずか約8%で、外国人が9割以上を占める。外国人のうち約75%までをインド人を主とするパキスタン人、バングラデシュ人など南アジアからの出稼ぎ労働者が占めている。劣悪な環境のもと、低賃金で働く外国人労働者がこの国の経済を支えている。長期間滞在しても永住権や市民権は与えられず、「現代の奴隷制度」として国際的な批判を浴びている。

膨張するジャカルタ

急激に発展する途上国の都市では、土地の不足から埋め立てによる用地の拡大がブームになっている。中国、インド、アメリカに次ぐ世界で4番目の人口大国になったインドネシア

写真2-6　高層ビルが林立するジャカルタ中心街

でも、大規模な埋め立てをめぐってさまざまなあつれきが生じている。

「インドネシアでは2005年以降、砂の採掘により2ダースの小さな島が消滅した」

これはニューヨーク・タイムズ紙の2016年6月23日付け紙面だ。ジャーナリストのヴィンス・バイザーが寄稿した「世界の砂が消える」と題するコラムの一節である。以前から砂資源に関心があった私は、コラムに衝撃を受けた。

この記事にインドネシア政府が反応して、ある大臣が談話を発表した。「インドネシアの島の総数は1万7504から1万7480に減った」。また、地球温暖化を警告する科学者グループは、「地球温暖化による海面上昇と合わせて、2030年までにインドネシアは少なくとも2000の島を失うおそれがある」とコメントを出した。

このコラムをきっかけに、堰《せき》を切ったように世界各地から砂採掘をめぐる環境破壊、政治的対立、国同士のいがみ合い、マフィアの暗躍が報じられるようになった。

私は消えていく島々の現場を見るために、インドネシアの首都ジャカルタに飛んだ。過去半世紀、時間をおいて何回となく訪ねた都市のなかでも、上海やシンガポールとともに、もっとも劇的に変化した街のひとつだ。

2018年現在、2億6700万人のインドネシアの人口の55%が都市に住む。ジャカルタの人口は約1050万人。周辺まで含めると3200万人を超え、日本の首都圏に次ぎ、世界で2番目に人口の多い都市圏である。

国際NPOの「高層ビル・都市居住協議会」が発表した2019年末現在の100メートルを超えるビルのリストを見ると、ジャカルタ市内には165本もあり、目抜き通りには両側から覆い被《かぶ》さるように高層ビルが並んでいる（写真2－6）。高さ638メートル、111階建ての「シグネチャー・タワー」も建設中だ。完成すれば世界で5番目の高さになる。

だが、ジャカルタも大都市の宿命から逃れられない。交通渋滞は深刻だ。イギリスのある調査会社が、運転手のブレーキを踏む回数から渋滞を推定したところ、世界最悪という結果がでた。大気汚染も、日によっては世界で最悪の測定結果が出る。

島が消えていく

市内にある砂採掘に反対するNGO「漁業の正義のための市民連合」（KIARA）の本部を訪ねた。2002年の設立以来、沿岸地域や小さな島の漁民組織を支援して、慣習法に基づく漁業の権利や海洋環境の保護運動を展開してきた。

副会長のジャカルタのパリド・リドワヌディン（パラマディナ大講師）は、砂の採掘の反対活動の先頭に立ってきたことで知られる。とくに、政府がジャカルタの過密や地盤沈下対策の切り札としてジャカルタ湾を埋め立てて人工島をつくるという計画を、工事中止に追い込んだ人物として有名だ。

この人工島計画は2004年に起工式が行われ、総面積約4000ヘクタールにおよぶ17の人工島の造成がはじまった。400億ドルを投じて、空港、港湾、住宅地、工業地帯、廃棄物処理場などを建設する大プロジェクトだ。

埋め立てに必要な膨大な砂は、ジャカルタ湾沖合に散らばるプロウスリブ群島で採掘された。パリ島はその群島のひとつだ（図2－4）。プロウは「島」、スリブは「1000」を意味し、「1000の島」というほど多くの島がある。実際には342の大小の島からなる。

群島はサンゴ礁が発達し、「プロウスリブ国立海洋公園」に指定されている。

漁場を失うことになる漁民団体や環境団体が反対に立ち上がった。その中心になったのがKIARAとインドネシア環境フォーラム（WALHI）だ。現場で反対集会を開き、法廷闘争にも持ち込んだ。だが、最高裁判所はこの訴えを取り上げなかった。

2016年はじめ、環境省は環境悪化を懸念して、埋め立て工事の停止を命じた。だが、開発側の圧力で翌年には再開された。しかし、埋め立て工事に関わる州議会議員が、業者から賄賂《わいろ》を受け取っていたことなどの事実が明るみに出た。これをきっかけにふたたび反対運動が盛り上がり、工事がすでに進んでいた4島を除いて人工島計画は2018年に中止された。

リドワヌディンから「これはパリ島の海岸の一部」と写真を見せられた。パリ島はプロウスリブ群島最大の島で、沈みこそしなかったが大量の砂を持ち去られた。写真2－7では、石の構造物らしきものが海面からのぞいている。

「ここは海岸から50メートルほど内陸にあった墓地。海から突き出しているのは墓石で、周辺の砂が持ち去られた結果水没してしまった」

パリ島まではジャカルタ港から約40キロ。スピードボートで1時間もかからない。船はサンゴ礁の上に砂が溜《た》まり、ヤシの林になった洲島《すしま》の間を縫っていく。反対運動で採掘が途中

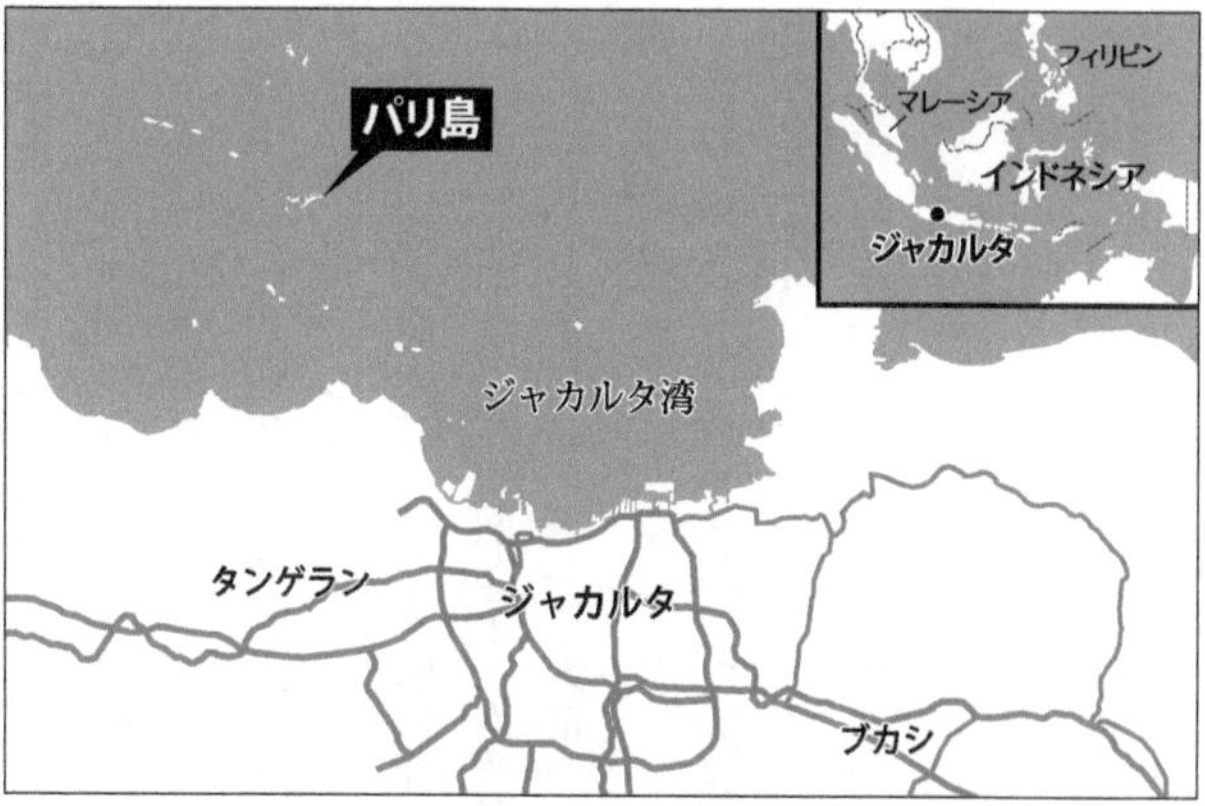

図2-4　ジャカルタの沖合にあるパリ島

写真2-7　砂の採掘の影響がみられるパリ島の砂浜。内陸にあった墓石が海面から突き出している（パリド・リドワヌディン撮影）

で止まった小島だ。

パリ島は東西に3キロほど、15平方キロの細長いサンゴ礁の島だ。砂が採掘された問題のビーチは、北東部のバージン・サンド・ビーチだった。ジャカルタに近い観光地としても人気があった。周辺の浜をみわたすと、砂がなくて下の硬い層がむき出しになっている。ビーチのところどころに、池のように海水が溜まった不自然な海岸線だ。

さらに島の奥では、林と水田のなかに巨大な鉢状の穴が開いている。陸砂を採掘した跡だ。岩がむき出しになった殺伐とした光景だ。ここの砂は品質がよくて高価なために、1980年代以降、この群島一帯から大量の砂がシンガポールなどへ売られていたが、2007年に輸出が禁止された。

代わって、ジャカルタ市内で開発ブームが起き、砂の需要が急速に増加して、違法採掘がはびこるようになった。リドワヌディンは「禁輸によって砂が守られるかと思ったが、その後は国内向けの砂採掘が増えて海岸の破壊が止まらない」という。

島には100世帯ほどの漁民が住んでいる。以前はエビやカニなど高く売れる魚介類が捕れたが、砂浜がなくなって沿岸部の環境が変わり姿を消してしまった。そのために、漁師は島を取り巻く環礁の外側の荒い海まで出漁しなければならなくなり、遭難事故が増えた。砂掘削前には月に3〜5トンあった漁獲量が、最近では3〜4割も減ったという。

２０１９年２月、パトロール中の沿岸警備隊が大型船に取りつけたポンプで砂を吸い上げ海岸から違法に持ち出そうとした一団を逮捕した。だが、取り締まりの効果は上がっていない。監視の役人が賄賂をもらって違法な砂の採掘を見逃しているともいわれる。

砂が運ばれていった先のひとつは、インドネシア最大の観光地であるバリ島だ。地元企業が島の北端部に新たな空港「北バリ国際空港」の建設を進めている。２０２１年には完成する予定だ。新空港の１０６０ヘクタール敷地のうち、２６４ヘクタールは海岸を埋め立てて造成する。

インドネシア中部のスラウェシ島（旧セレベス島）は、南スラウェシ州に属し州都マカッサルの沖では、州政府が5つの人工島の建設を進めている。南スラウェシ州は、国の平均を上回る高い経済成長を示し、土地の不足から人工島を造成して州政府庁舎をはじめ、ビジネスセンターや病院や大学などを誘致する「センターポイント・オブ・インドネシア計画」に乗り出した。２０１５年には、約１４００ヘクタールの人工島ができる予定だ。

埋め立て用の砂は近くのサンカラン諸島付近の海底から採掘される。２０２０年2月に採掘がはじまると、たちまち諸島周辺海域が混濁して漁獲量が3分の2に落ちた。地元の漁師らが反対運動を起こして知事公舎にデモをかけ、これに環境保護団体や市民も支援に加わった。

この埋め立てのためには約2200万立方メートルの砂が必要だ。漁場が失われる漁民たちは、砂浚渫船を乗っ取るなど抵抗し裁判闘争をつづけたが、工事は進行している。完成すれば157ヘクタールの新たな都市ができ、そのうちの106ヘクタールが埋立地だ。2021年の完成を目指している。

活動家暗殺未遂

1980年に創設された「インドネシア環境フォーラム」(WALHI)本部は、住宅街にあるビルだった。インドネシア最古で最大の環境NGOだ。国内の27州に支部があり、砂採掘をはじめとする沿岸の環境保護や森林伐採反対など幅広い問題に取り組んでいる。

WALHIのキャンペーン・マネージャー、ドワイ・サウングは「環境問題だけでなく、社会の変革、人権保護、持続可能性などの問題とも横断的に取り組んでいる」という。とくに、砂採掘問題は巨大利権が絡みついているので、活動家が危険にさらされることが増えてきたそうだ。

西ヌサトゥンガラ支部の支部長であるムルダニは、2019年1月の深夜に自宅が放火されて殺害されそうになった。彼はロンボク島での砂採掘に対する抗議行動の先頭に立ち、開発側から標的にされていた。この島の砂は人気観光地のバリ島にあるベノア湾に運ばれて、ビーチを拡大するのに使われる予定だった。警察は襲撃の背後には砂の採掘業者がいる、と疑っている。

ＷＡＬＨＩの活動家ゴルフリッド・シレガールが２０１９年10月、スマトラ島のメダン市内の路上で倒れているところを発見された。病院に搬送されたが3日後に死亡した。警察は交通事故として処理した。頭部になぐられたような傷があり、ＷＡＬＨＩは殺人事件として捜査するよう再三警察に申し入れたが聞き入れられなかった。彼は中国資本のダム建設計画が、深刻な環境破壊を招くとして政府を追及していた。

こうした事件以外にも、２０１５年には東ジャワ州ルマジャンで砂採掘に対する反対運動を組織した農民であるサリム・カンシルが殺害された。２０１７年には、インドネシア最強の捜査機関「腐敗撲滅委員会」（ＫＰＫ）の捜査官が襲撃されて大ケガをした。

アジアで進む海岸侵食

砂採掘による海岸の環境悪化は、北アメリカ、地中海、西アフリカなど世界中で進行している。アジアでもインドネシアに限らず、砂採掘は各地で深刻な影響を与えている。

２００4年12月、スマトラ島北西沖のインド洋でマグニチュード９・３（関東大震災の１２０倍以上の規模）の巨大地震が発生した。

地震後に平均で高さ10メートル、地形によっては40メートルを超える巨大津波が数回、インド洋沿岸に押し寄せた。インド洋に面した14カ国で、死者・行方不明者は計22万7898人、被災者は500万人に達した。ちょうどクリスマス休暇のシーズンだったため、国外からやってきた観光客も多数が巻き込まれ、日本人は40人が死亡し、2人が行方不明になった。

スリランカの死者は3万5322人。インドネシアに次ぐ大惨事になった。津波は海岸地帯の街をそっくり呑み込み、走行中の列車を押し倒した。スリランカにとってはかつて経験したことのない災害となり、政府は国家非常事態宣言を発令した。

スリランカの沿岸侵食は1990年代から目立ってきた。とくに海岸のマングローブ林は、海岸地帯の開発、薪の伐採、エビの養殖池の造成などのために広大な面積が伐採された。マングローブ林の面積は、1986年に約1万2000ヘクタールと推定された。これが1993年には8687ヘクタールに減少し、現在は6000ヘクタール以下になっている。

大津波のあと、国連機関や各国の地震・津波の研究者らが調査に入った。その結果、マングローブ林が残されていた海岸では津波被害が少なかった、とする報告が相次いで発表された。マングローブ林は、海岸に沿ってびっしりと根を張りめぐらせて高潮の勢いを削《そ》ぐとともに、海岸線の侵食を防いでいた。

地元では、地域ごとに「コミュニティ・マングローブ保全協同組合」が組織され、マングローブ林の植林、保護の活動をしている。日本のNGOをはじめとする内外のグループがマングローブの植林を支援してきた。

スリランカでは、都市部の住宅・オフィスなどへの建設投資が拡大していたことに加えて、津波被害の復興のために砂の需要が飛躍的に増大した。砂の消費量は、津波以前は年約800万立方メートルだったのが、津波後には7000万立方メートル以上に急上昇した。

スリランカは、103の河川流域で構成され、海岸はラグーンが連なり砂の宝庫でもある。とくに良質の川砂に恵まれている。なかでも、スリランカ南部の主要な河川であるカル川、ニルワラ川、ギン川の3河川では、採掘業者が大型の土木機械を持ち込んで採掘をつづけ、川岸や河床ばかりか周辺の農地まで掘り返した。

ニルワラ川からの砂の採掘量は津波後3倍に増加した。このため、砂を取られた河口近くでは、地下水位が5~10メートルも下がり、河岸の自然堤防の決壊や氾濫《はんらん》が発生、井戸水に海水が混じるようになった。また、水田へ海水が侵入して水稲にも影響がおよんだ。

コロンボ大学などの調査では、35の川で違法な採掘が行われていた。2005年には川砂の違法採掘に反対する市民組織が結成され、運動が開始された。政府は2006年に環境と天然資源を保護する「国家環境法」を制定して、特定河川の砂の採掘や運搬をきびしく規制した。しかし、環境正義センター（CEJ）などのNGOは依然として違法採掘がつづいているとして、政府に監視の強化を要求している。

沈みゆく国家

地球温暖化による海面上昇が論じられるときに、かならず登場するのがツバルだ。ニュージーランドとハワイのほぼ中間に位置する群島だ（図2－5）。私がツバルを訪れたのは10年余り前。フィジーから週2便しかないフィジーエアウェイズで2時間ほど、南太平洋のエリス諸島にあるツバルに着いた。空から見た島々は、深い群青色の海に白い小石をばらまいたように見える。

ツバルは9つの環礁からなり、総面積は約26平方キロで東京・品川《しながわ》区よりもひとまわり大きい。世界で4番目に小さいミニ国家だ。その中心が約3平方キロのフナフティ環礁だ。約30のサンゴでできた島がリング状に数珠《じゅず》つなぎになっている。

このなかでもっとも大きい島がフォンガファレ島。ここに首都フナフティがあり、飛行場、政府庁舎、警察署などの機関が集中している。国土の面積は25・9平方キロ。ツバルの全人口1万1000人のうち、6割がフナフティに住む。

こぢんまりした1階建ての国際空港ビルを出てまず驚いたのは、韓国製バイクの多さだ。自動車も思ったよりも多い。島の北端から南端まで約15キロの一本道。バイクで縦断しても

20分もかからない。自転車ならわかるが、二酸化炭素の増加による海面上昇を世界に訴えているこの小さな国で、これだけのバイクが必要なのだろうか。

一本道のあちこちに大きなゴミの山ができている。缶詰の缶、ビンやペットボトル、プラスチック製梱包《こんぽう》材、日本製のインスタント食品の袋や段ボールなども多い。日用品はほとんどを輸入に頼っているものの、廃棄物を処理するシステムがないためだ。

ツバルでは2～3月の大潮のとき、海面が上がって島のあちこちで水が噴き出し、低湿地の浸水、民家の床下浸水、道路や畑の冠水などに悩まされてきた。とくにサイクロンが接近すれば大きな被害に見舞われてきた。２０１５年には大型のサイクロン「パム」が南大洋州諸国に甚大な被害をもたらした。

ツバルでも、当時の人口の半数近い４６１３

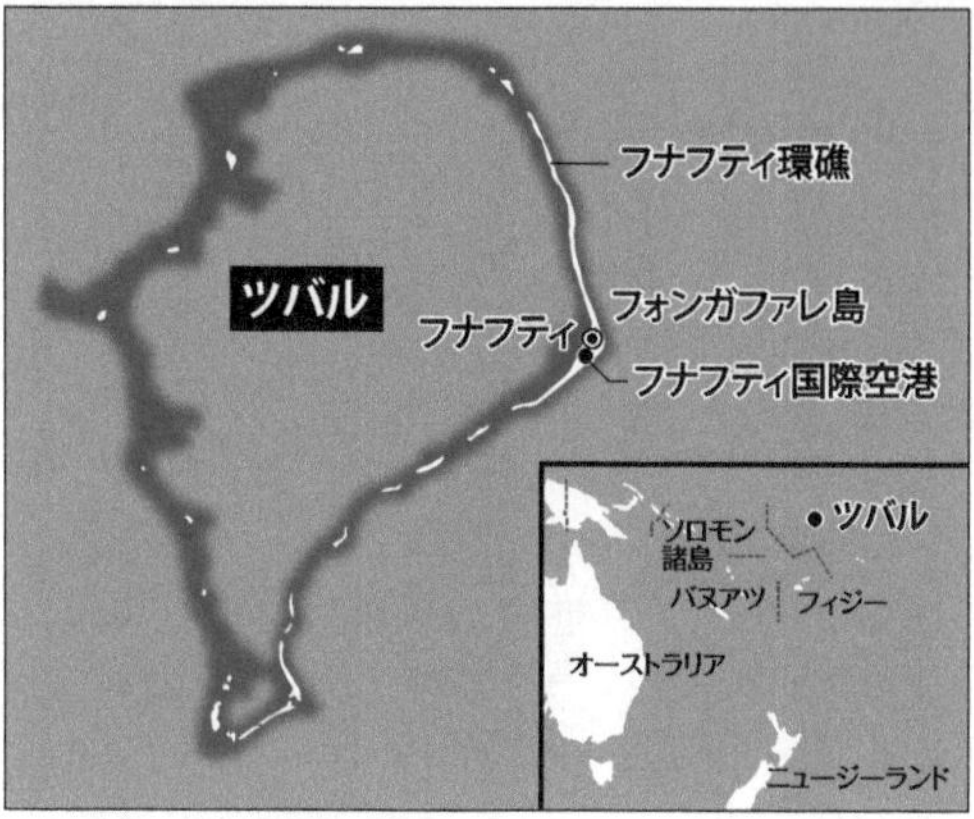

図2-5　ツバル

人が被災し、家屋が倒壊または半壊する被害を受けた。雨水に頼っている島では、各家庭に設置された雨水タンクが命綱だ。それが高波で倒壊して、深刻な水不足に陥った。国民の間では地球温暖化によってサイクロンが大型化したのが原因だとして、温暖化への関心が高まった。

以来、ツバルは前にも増して温暖化外交に力を入れるようになった。温暖化による海面上昇が被害を拡大しているとして、世界に向かってアピールした。温暖化対策のパリ協定に関する条約交渉では、温暖化に対してもっとも脆弱《ぜいじゃく》な国の代表として、大きな役割を果たした。ツバルの歴代の首相は「先進国が化石燃料を浪費して繁栄している陰には、島嶼《とうしょ》国の犠牲がある」と力説してきた。

こうした主張が共感をよび、温暖化対策の名目でさまざまな援助を世界中から受けるようにもなった。この結果、人口ひとりあたり名目GDPは、2002年には2620ドルだったのが、2016年には3640ドル、2019年には4280ドルにもなった。

国の財政を支えているのは、海外からの援助と出稼ぎの仕送りが大きい。日本も累計で無償資金協力と技術支援を合わせて約132億円を供与している。このなかには、海水の淡水化装置、港湾施設、漁船、病院などが含まれている。

ツバルは、歳入を増やすために涙ぐましい努力をつづけてきた。陸地面積こそ狭いものの、世界で38位の75万平方キロの排他的経済水域を抱えている。日本のマグロ・カツオ漁の重要な漁場であり、ここから入る入漁料も大きな収入源だ。記念切手ビジネスでも有名だ。イギリス王室だけでなく、日本の皇室、歴代のアメリカ大統領、有名スポーツ選手など何でも切手にして、世界に売り出している。

こんな思わぬ収入もあった。国名が英字で「Ｔｕｖａｌｕ」であることから、ウェブサイトやメールアドレスに使用されるドメインに「.tv」が割り当てられた。日本の場合は「.jp」、アメリカは「.us」である。ドメインは登録業者によって国だけでなく企業などにも販売されている。

ＴＶといえば世界的にテレビの略として通用する。これにインターネット会社が目をつけた。最終的に、米企業が「.tv」を、10年間で総額５０００万ドルを支払うことで、独占的に登録する権利をツバルから買い取った。実際に日本のテレビ局をはじめとして各国で利用されている。ツバルはこのドメインの使用権を売却した収入で、国連や英連邦への加盟を果たすことができた。

海面上昇で国が沈む？

ツバルがメディアで取り上げられるときには、「海面上昇で沈む国」という枕詞《まくらことば》がつく。

サイクロンのときには、被災者は「環境難民」「気候変動難民」として報道された。

元アメリカ副大統領のアル・ゴアが出版した『不都合な真実』(日本語版2007年)は、その後映画化されアカデミー賞ドキュメンタリー部門でオスカーを受賞した。著作や映画で「沈みつつあるツバル」を地球温暖化の犠牲者として取り上げ、彼は「このまま温暖化が進行すれば海面は将来的に6メートルも上昇する」と主張した。

二酸化炭素増加を監視するアメリカ海洋大気庁(NOAA)も、海面上昇で最初に被害が予想される島嶼国を「温暖化の犠牲者」として取り上げた。ツバルは一躍、温暖化反対のシンボルとなった。各国からメディアや政治家や芸能人が大挙して島に押し寄せ、「ツバルを救え!」の大合唱が起きた。海面上昇に疑義をはさもうものなら、環境保護団体から「反エコの帝国主義者」のレッテルをはられた。

実際にはどうなっているのか。島にひとつしかないホテルのマネージャーにたずねると、部屋がいっぱいになるのは潮位がもっとも高い大潮のときだけだという。このとき島の各所で水が噴き出すので、欧米のテレビ局がそのシーンを狙って取材にやってくる。

実は、私も島を訪れるまでは、海面上昇でツバルが危機に瀕《ひん》していると信じていた。だが、日本や他の太平洋の島々で大きな海面上昇はみられず、なぜツバルだけが沈むのかという疑問は抱いていた。

イエレミア首相（当時）に会ってインタビューしたときには、「自分が子どものころに比べて30～50センチも海面が上昇して、大潮のときには街が水浸しになる。こんなことは昔はなかった」といい、日本がどんな援助をしてくれるのか、しきりに聞きたがった。

ほかにも、環境大臣や国会議員ら多くの島の要人にインタビューした。大臣がゴムサンダルにアロハシャツで現れたのにはびっくりした。「この国は遠からず水没する」という者から、「ほとんど変わっていない」という人まで回答はまちまちだった。

これは、2007年以来島に通って支援活動をつづけている、NPO法人ツバル・オーバービューの河尻京子《かわじりきようこ》が「『温暖化で沈む国』――ツバルの現実」として「論座」寄稿した内容と重なる。彼女はツバルで300人ほどの島民に温暖化や海面上昇についてインタビューした。その感想として「漁師らは、子どものころに比べて海面上昇変化を感じると答えたが、ほとんどの人はニュースで聞いた話として認識していた」と語っている。

気候変動に関する政府間パネル（IPCC）は、1977年以降ツバルの首都フナフティの海面は年平均3・9ミリ上昇していると発表している。島でもっとも高い標高は海抜4・6メートルしかない。毎年約4ミリ上昇すれば、今後100年で海面水位は40センチも上昇することになり、ツバルに人はほとんど住めなくなる。確かに深刻な事態だ。

だが、海面は潮汐《ちようせき》、風、大気圧、局所的な重力差、温度、塩分濃度などの影響を受けてつねに変動し、決して「水平」ではない。このことから海面上昇を0・1ミリ単位で見極めるにはかなり困難が伴う。このために、将来予測も含めてさまざまな海面上昇の数字が発表されて、混乱している。

誰が砂を奪ったのか

環境省で取材中に、気象局で働く若い研究者がいると聞いてたずねた。フィジーの大学を卒業してまたツバルに戻ってきたという。彼は、南太平洋一帯の島々で1990年代初頭から観測をつづけてきたオーストラリアの国立潮汐センター（NTC）のデータを引用しながら「太平洋での過去10年間の測定の結果、ツバルで海面上昇が進行している証拠はまったく見つからなかった」と意外な話をはじめた。

満潮時の被害を大きくしたのには、2つの原因があると説明した。彼に連れられて付近の海岸に出てみると、サンゴ礁の島にはかならずあるはずの砂浜がまったくない。海岸は岩がごろごろした磯浜になり、波が直接に陸にぶつかってくる。

「骨材として建物や道路の建設に砂を取られてしまったのです」

そう彼はいう。もうひとつは、海岸の侵食による土壌流出だ。

島の伝統的な家屋は、ヤシの木を柱にしてヤシの葉で葺《ふ》いたものだ。しかし人口や収入の増加で建物が増え、柱が足りなくなってコンクリート建てに替わってきた。セメントはフィジーから輸入しているが、砂は地元で採掘されている。首相は繰り返し、砂浜の砂採掘の禁止を呼びかけたが効果がないという。

確かに1978年の独立後、人口は一貫して増加をつづけている。南太平洋地域研究が専門の小林泉《こばやしいずみ》（大阪学院大学教授）によると、19世紀末にはフナフティ環礁に住む人は200人程度、独立前の1973年の調査でも871人にすぎなかったが、独立5年後には2620人に急増した。2018年には1万1000人（世界銀行）になった。この小さな島国で、人口の爆発が起きたのだ。

小林はいう。

「この狭い陸地で人口が急膨張すればどうなるのか。これまで居住地としては不適だった海岸ぎりぎりの砂地や水が湧き出るボロービット（砂の採掘穴）のすぐ近くにも住居を建てる。さらに、議会、行政府、警察、消防などの行政関連施設、学校や病院などの建設も必要だった。これだけで十分に重量オーバーであり島はいまにも沈みそうなのだ」

この理由のひとつに、ツバルの北西にあるナウル共和国に出稼ぎにいっていた島民が戻ってきたことが挙げられる。

ナウルは世界有数のグアノの産出国だった。グアノは海鳥のフンや死骸《しがい》が堆積したもので、リン鉱石が発見されるまでは肥料などの原料だった。このため高い国民所得を誇り、近隣国から出稼ぎ労働者が集まってきた。

しかし、1990年代半ばにグアノは資源の枯渇によって生産が急減し、2000年ごろから外国人労働者を解雇・帰国させることになった。ツバルには約1000人が帰国することになった。

ところが島の収容力はすでに目一杯である。帰国者たちの移住先を別に見つける以外に方法はない。ツバルは近隣国へ「環境難民」の受け入れを要請した。これに応《こた》えて、ニュージーランドとフィジーは受け入れを決めたが、オーストラリアは拒否した。小林は「この時期に水没危機を国際社会にアピールしたのは政治的な意味があったからで、ことさら地球温暖化問題に結びつけられてきた」とみる。

ツバルは拡大している

太平洋戦争が島の運命を大きく変えた。日本軍は真珠湾攻撃の余勢を駆って、近くのギルバート諸島（現キリバス）にまで進軍した。これに対抗するアメリカ軍は、1942年に1088人の海兵隊をフナフティ環礁に上陸させ、湿地を埋め立てわずか5週間で戦闘機が離着陸できる約1500メートルの滑走路を完成させた。この建設のために島の自然は大き

写真2-8　星の砂（PIXTA）

く変わってしまった。かつては、井戸を掘れば真水がわいてきたが、滑走路建設で地下水脈が断ち切られ、島民は雨水に頼って生活するしかなくなった。

　滑走路を舗装するコンクリートのために大量の砂が必要になり、フォンガファレ島のいたるところで砂が採掘された。そのときにできた砂の採掘穴は、現在は水たまりやゴミ捨て場になって残っている。

　穴は海と直結しているため大潮のときはこの穴を伝って海水が噴き出す。滑走路のあるあたりはもともと低い凹地《くぼち》で標高が1メートルぐらいしかない。大潮のときの海面は最大1・2メートル上昇するために、採掘穴から海水がわき出しやすくなる。

　サンゴ礁研究者の茅根創《かやねはじめ》（東京大学理学系研

究科教授）は他の専門研究者らとチームを組み、フナフティ環礁などの実地調査を重ねてきた。その結論として「海水噴出や海岸侵食は他に原因があり、現状では海面上昇があるにしても影響はごくわずかだ」と論文のなかで明らかにしている。

茅根は、「海面上昇よりもむしろ、人間の活動による環境汚染こそが問題」と危機感を抱いている。その危機のひとつが有孔虫の減少だ。南海の白砂の大部分は、この有孔虫の殻から形成されている。この虫は石灰質の殻をもった体長数十ミクロン（髪の毛の太さ程度）から数ミリ程度の単細胞の原生生物。1年で数百に分裂して増えていく。さまざまな形状があるが「星の砂」もこの仲間だ（写真2－8）。

ところが、フナフティ環礁では陸上からの排水が流れ込み、水質汚染で有孔虫の数が激減している。茅根は、「海面上昇よりもむしろ、有孔虫の減少こそが海岸侵食を深刻にしている主原因だ」と考えている。風や波や海流によって海岸が侵食されていく一方で、有孔虫が白砂を補っているからだ。

近年、気候変動による海面上昇については否定的な実証データが、次々に発表されている。温暖化↓海面上昇↓水没という図式では捉《とら》えきれなくなってきた。

そのひとつが、ツバルは消滅するどころか国土面積が拡大しているとする研究論文だ。2018年にニュージーランドのオークランド大学の研究チームが、イギリスの科学誌「ネイチャー・コミュニケーションズ」に発表した。航空写真や衛星写真を駆使して、ツバルの9つの環礁と101の岩礁について1971年から2014年までの地形の変化を分析した。その結果、9つの環礁のうち8つで面積が広がっていて、ツバルの総面積は73・5ヘクタール（2・9％）も増えていたことが明らかになった。首都のあるフナフティ環礁だけを調べると、リング状の環礁に連なっている33の島で、過去115年間に32ヘクタールもの土地が拡大した。

さらに、太平洋とインド洋の600を超えるサンゴ礁の島々も同様に分析したところ、島の約80％は面積が安定しているか、拡大していた。縮小していたのは約20％だった。海面上昇によって島が沈んでいくと信じられていたが、その逆だった。これは、サンゴ礁の島々は年々サンゴが成長して環礁が高くなり、そこに砂が堆積して島が拡大していくためだ。

国土拡大説にツバル側は反発している。エネレ・ソポアガ首相は記者会見で記者団に対し、「この調査では居住可能な土地面積や海水侵入などの影響は考慮されていない」と不満を表明した。

私は多くの論文を読み比べたが、なぜツバルだけで海面上昇が起きて、他のハワイ諸島やミクロネシアやメラネシアの島々では問題にならないのか、という疑問を抱いてきた。科学的データからみて、島の拡大説には説得性があった。

実際にツバルを訪ねて島の有力者と話すと、関心事は海面上昇ではなくどれだけ援助が期待できるかにあった。太平洋の小さな島で環境変動から国が消滅するかもしれない、とする島民の不安を無視する気はないが、沈没説にはどうも政治的な臭いがついて回る。

第三章

砂はどこからきたのか

砂とは何か

これだけ身近な存在なのに、「砂」を定義するとなるとけっこうやっかいだ。岩石はさまざまな鉱物が集まったものだが、砕かれて水や風で運ばれる過程でバラバラになってそれぞれの鉱物の結晶の粒になる。結晶にならない粗い砂は「岩片」と呼ばれる。

岩石ではないが、マグマが急激に冷やされてできた黒曜岩のような火山ガラスも、こなごなに砕かれれば砂粒になる。サンゴや貝の破片、有名な「星砂」のように炭酸塩や珪酸塩《けいさんえん》の殻を持った有孔虫などの生物も、死骸《しがい》が砂として溜《た》まっている（第二章）。

変わった砂のでき方もある。熱帯の海に生息するカンムリブダイは体長が1メートルにもなり、おでこの大きなコブが特徴だ。ノドに隠れた第2の歯をもっていて、サンゴをかみ砕いて食べることができる。硬いサンゴの骨格は排せつされて真っ白な砂になる。この魚1尾で1年間に5トンもの砂を「生産」するというからかなりの量だ。

砂浜は均一でベージュ色に見えるが、詳しく分析するとさまざまな鉱物が混ざり合っている。ある研究者によると、ひと握りの砂には砂粒からシルト（後述）まで100万粒もの鉱物が含まれているという。その起源はさまざまだ。

子どものときに、潮干狩りから持ち帰った砂を拡大鏡でのぞいたときの興奮を思い出す。紫色をした小さなウニの刺《とげ》、5ミリもない微小な貝、ベンツのエンブレムそっくりの海綿動

写真3-1　砂の拡大（iStock）

物の骨、そして種類もわからない色とりどりの貝殻の破片……。

当時の東京湾は汚染もゴミもなく、小さな生き物がいっぱいいたのだろう。今調べれば、地球規模で問題になっている「マイクロプラスチック」がごっそり入っているだろうし、細かく砕けたビンの破片も多いことだろう（写真3－1）。

砂の大きさへの関心は古くからあった。古代ギリシャのアルキメデスは、紀元前240年ごろに書かれた『砂の計算者』という著作で、宇宙を埋め尽くすのに必要な砂粒の個数を計算している。そのときに、砂粒の直径を0・02ミリ以上とした。20世紀初頭までこの数字が使われていた。

アメリカ農務省の1938年の基準では0・

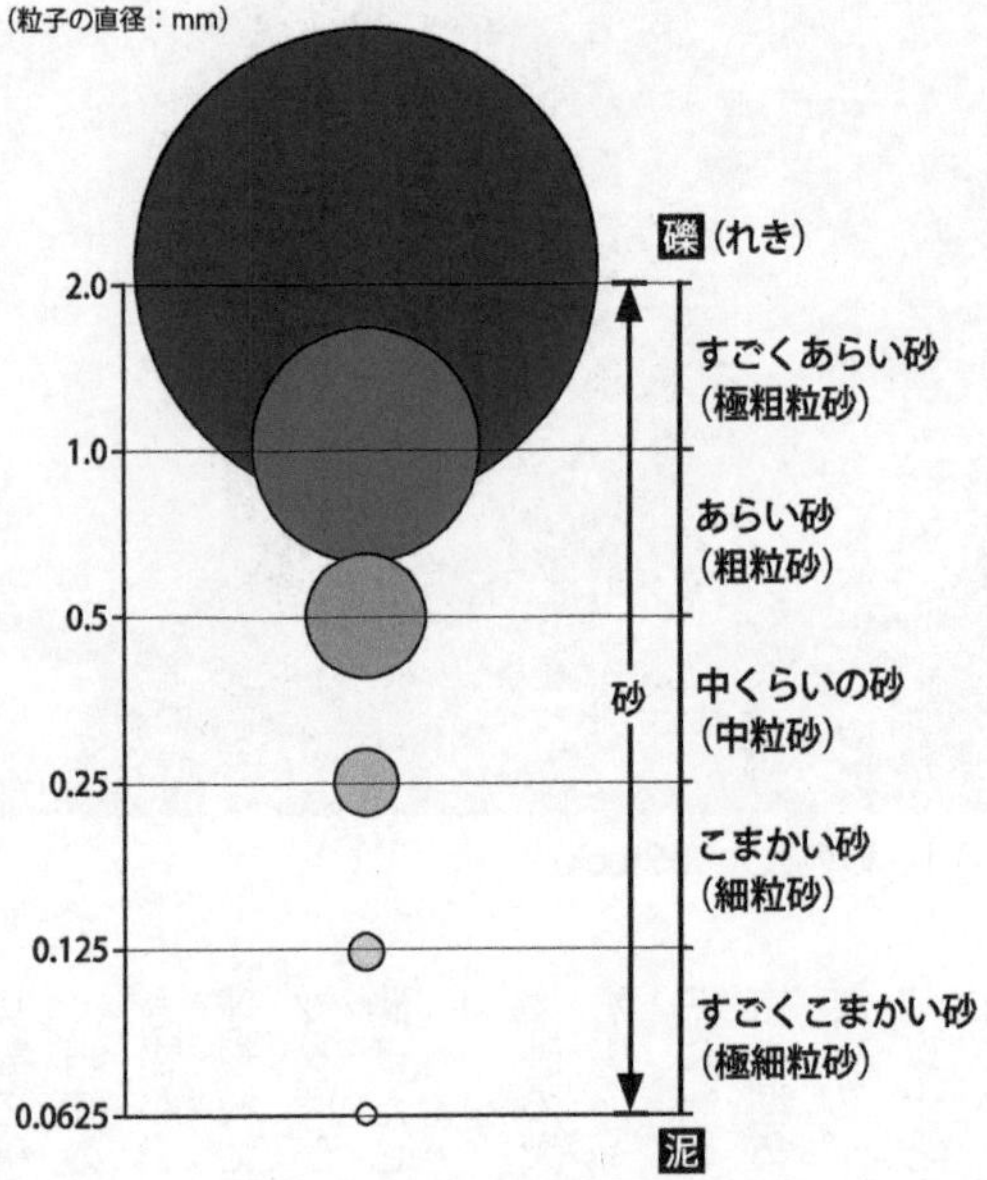

図3-1　粒の大きさによる砂の区分（須藤定久著『写真でわかる特徴と分類　世界の砂図鑑』誠文堂新光社をもとに作成）

05ミリ以上、アメリカ州道路交通局の1953年の基準では、0・074ミリ以上を「砂」と定義した。現在の「砂」の定義は、「さまざまな鉱物の粒子で、直径が2ミリから0・0625ミリの粒子」とされる。学会によって定義は少しずつ異なるが、ここでは地質学会の定義に従う。

このような半端な数字になったのは、砂の用途が増すにつれ砂粒のサイズが細分化されたためだ。直径2・0ミリを砂粒の上限として「極粗粒砂《ごくそりゅうさ》」と呼び、その$\frac{1}{2}$（1・0ミリ）以下を「粗粒砂《そりゅうさ》」、さらに$\frac{1}{4}$（0・5ミリ）以下を「中粒砂《ちゅうりゅうさ》」、$\frac{1}{8}$（0・25ミリ）以下を「細粒砂《さいりゅうさ》」、$\frac{1}{16}$（0・125ミリ）以下を「極細粒砂」と5つに区分された（図3－1）。

$\frac{1}{16}$ミリより小さいのは「泥」である。泥はさらに2種類に分かれ、$\frac{1}{16}$ミリ未満から$\frac{1}{256}$ミリまでを「シルト」、$\frac{1}{256}$ミリ未満を「粘土」と呼ぶ。「土」は砂や泥に有機物がまざってできたもの。「土壌」は土の質、種類などに言及するときに使われ、「植物などの生物を養い物質の保持や循環などの機能を持つ」とされる。

砂の大きさを簡単に見分ける方法を、須藤定久《すどうさだひさ》が『世界の砂図鑑』で紹介している。簡単に入手できる「茶こし」の網の目は0・5ミリほど。これで砂を篩《ふる》うと、網を通過するのが細粒～中粒砂だ。

2ミリを超えたものは「砂利」である。土木工学では5ミリ以上の大きさの礫《れき》が85％以上混じるものを指す。砂場に入れられる砂は、5ミリほどの大きい砂利が多い。

白砂・黒砂・赤砂

どんな岩石も同じような砂になるわけではない。岩石の種類によって砂のでき方もそれぞれ異なる。花崗岩《かこうがん》を例にとってみよう。地下深くのマグマがゆっくり冷えて固まった深成岩の1種だ。花崗岩は陸地を構成する岩石の中ではもっとも一般的なものだ。石英、長石、雲母などの結晶からなる岩石である。御影石《みかげいし》とも呼ばれ、建造物の外壁や床、墓石や石垣などさまざまな用途に使われている。含まれている鉱物ごとに熱膨張率が異なるため、温度変化によってバラバラになって砂状になりやすい。

石英を主成分とする砂は白くて美しいために、庭園の敷砂として昔から使われてきた。なかでも京都市北白川《きたしらかわ》産の「白川砂」は、白さが際だち人気が高い。京都御所、天皇陵などの庭園や各地の神社仏閣に敷かれてきた。しかし、産地の川砂が枯渇して山を切り崩して採掘するようになり、現在では災害防止や景観保持のために採掘が禁止されている。

石英砂の浜を代表する現象が、「鳴《な》き砂《すな》」である。鳴《な》り砂《すな》ともいう。英語では「Singing sand（歌う砂）」。砂の上を歩くと、石英粒同士がこすれて「キュッキュッ」と鳴る。鳴き砂は、波で洗われてきれいな粒のよくそろった砂でないと鳴らない。

砂径が1ミリ～1/8ミリの大きさの範囲で鳴るが、1/4～1/8ミリの細砂が多いときにいい音がするという。1/2ミリより大きい粒子や、細かい微粒子が砂の中に混在したり、砂表面が汚れたりしていると鳴らない。このため砂が鳴くかどうかは、砂浜の環境汚染の指標にもなる。

以前は北海道から沖縄県まで全国各地に広く分布していたというが、埋め立てや汚染で減り今では30ヵ所もない。鳴き砂を守る運動は各地にあり、毎年「全国鳴き砂サミット」を開いて保護を訴えている。たとえば、北海道室蘭《むろらん》市では「室蘭イタンキ浜鳴り砂を守る会」が、市民、学生、生徒に呼びかけて定期的に海岸を清掃して砂浜の環境を守る活動をしている。

砂丘で知られる鳥取県と隣の島根県には、鳥取市と島根県大田《おおだ》市仁《に》摩町《まちょう》に世界でも珍しい砂の博物館がある。「鳥取砂丘・砂の美術館」は砂でつくった彫刻作品「砂像」を展示する。海外から砂像彫刻家を招いて制作を依頼、毎回テーマを変えながら著名な建造物や美術作品や自然などのモチーフを砂像にして展示している。

仁摩町は鳴き砂の浜「琴ケ浜《ことがはま》」で知られる。「仁摩サンドミュージアム」には、砂の彫刻作品が展示され、ホール中央には「砂暦《すなごよみ》」と名づけられた世界最大の「1年計砂時計」が設置されている。高さ8メートルの砂時計が、毎秒0・032グラム、1日で27 40グラム、1年で1トンの砂を落下させて時を刻む。

「黒砂」は、噴火によって海に流れ込んだ溶岩が海中で急激に冷やされ固形化し、砕けて砂状になったものだ。伊豆大島《いずおおしま》の黒い砂浜は、三原山《みはらやま》の溶岩や山腹に降り積もった火山灰や火山砂（火山礫の小さいもの）が流れ下って堆積《たいせき》したものだ。

「赤砂」はガーネット（ざくろ石）の小結晶の集まったもの。金剛砂《こんごうしゃ》と呼ばれて、硬いので研磨剤としての用途は広い。奈良県と大阪府にまたがる金剛山で産するものが有名だ。

このほか世界にはさまざまな色の砂浜がある。カリブ海のバハマ、ギリシャのクレタ島、インドネシアのコモド島などでは、ピンク色の砂浜が新婚旅行客などに人気が高い。赤いサンゴの死骸が砕かれたものだ。

小説『赤毛のアン』の舞台になったカナダ大西洋岸のプリンス・エドワード島には、赤い砂浜がある。砂に混じった酸化鉄が原因だ。ハワイ本島南端にあるパパコレア・ビーチでは、緑色の砂浜をみることができる。火山から噴出した緑色のカンラン石の破片が原因だ。

河川は砂の製造工場

身辺に普通にみられる砂は、こなごなに砕けた「岩のかけら」が元の姿だ。山を形づくる硬い岩盤が、日中と夜間の温度変化によって膨張・収縮を繰り返しているうちに割れる。あるいは岩石の割れ目に染み込んだ水が凍って膨張し、楔《くさび》を打ち込んだように押し広げて岩石を破砕する。

生物もこれに加わる。バクテリアが岩石に穴を開け、コケ類や地衣類が化学物質を出して岩石の表面を溶かす、あるいは木の根が岩石の割れ目に食い込んでその圧力で岩を割る。こうした自然界のハンマーを風化作用と呼ぶ。

写真3-2　岩のかけら（礫）が河川で運ばれる過程で細かくなり、砂へと変化する（iStock）

割れたりはがれ落ちたりした岩石は、重力や雨風によって斜面を落下しながらさらに砕かれる。上流の河原では大きな「礫」だったのが、川によって運ばれる途中で互いにぶつかり合い、川水にもまれてさらに細かくなっていく。下流に達するころには砂や泥に変わっている（写真3－2）。軽くて小さいものほどより遠くまで運ばれる。

一方で、河川は川底や川岸を削って土砂を巻き込みながら流れ下る。これが「侵食《しんしょく》作用」だ。日本は世界有数の多雨国だけに侵食量も多い。最終的に海にまで運ばれる。増水や洪水のときにとくに多くなる。この「侵食」「運搬」「堆積」という河川がもつ3つの作用によって、地表の姿が変えられていく。

川が海に運び込む砂は膨大な量にのぼる。

日本は急峻《きゅうしゅん》な山地が多く、しかも網の目のように河川が走るので土砂の運搬量も半端ではない。

1873年に明治政府の内務省土木局に招かれたオランダ人技師のヨハニス・デ・レーケは、富山県の常願寺川《じょうがんじがわ》の工事に派遣された。この川は、源流から河口までわずか56キロしかないのに、標高差が約3000メートルもある急流だ。デ・レーケはびっくりして「これは川ではなく滝だ」といったという有名な逸話が残されている。ただ、これには当時の富山県知事の文言だという異説もある。

大陸の川は日本とは正反対にゆったりと流れている。たとえば、フランスのセーヌ川の場合は、川の長さが777キロもありながら、標高差は471メートルしかない。ライン川は1233キロの流れがあるのに、標高差はわずか1602メートルだ。

つまり、日本の河川は欧米や中国の河川と比べると、上流部分しかなく下流に相当する部分がない。このために、日本の河川の中・下流はどこでも砂利や砂が見られるが、大陸では川の下流部には広大な平野が発達していることが多く、細かい砂や泥しか見られない。

ルーマニアの黒海にそそぐドナウ川のデルタ地帯で、調査したことがある。約4500平方キロあるデルタは、山梨県ほどの広さにアシが茂る泥質の湿地帯だった。深いアシの茂みに隠れるように、かつてさまざまな戦乱や飢餓から逃れてきたギリシャ系、トルコ系、ブル

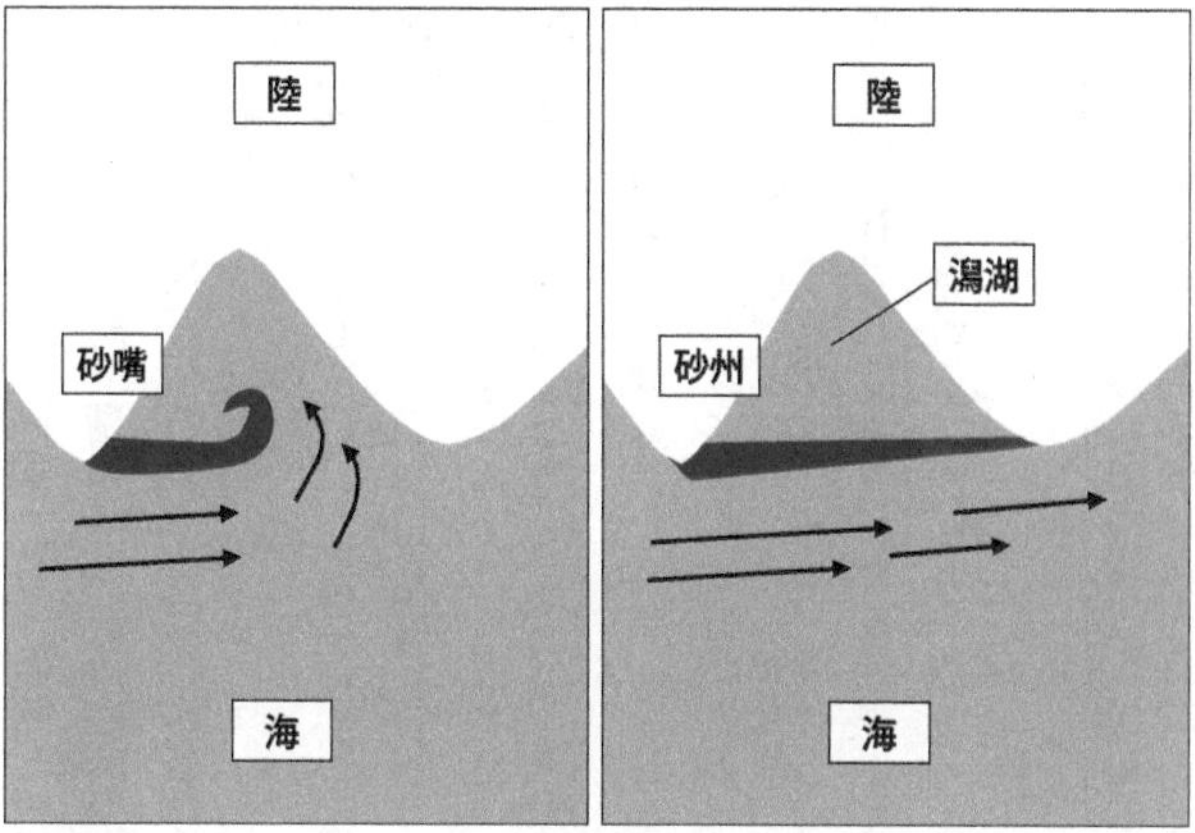

図3-2　砂嘴と砂州（日本地誌研究所『地理学辞典』を参考に作成）

ガリア系などの少数民族が住んでいる。18世紀にロシアの宗教的迫害から逃れたロシア正教の分離派の子孫が住み、今なおカエサル・ローマ皇帝が導入したユリウス暦を使っているのには驚いた。

　河口に近づくにつれて、川が支流を統合して水量が増し、川幅が広くなると同時に流れは緩やかになる。そのために、川の水は土砂を運びきれなくなって、重い砂粒から沈澱《ちんでん》していく。軽いものは河口近くまで運ばれて溜まり、できたのがデルタだ。

　砂は海岸に溜まってさまざまな地形をつくる。この形成には「沿岸流《えんがんりゅう》」が大きく関わっている。沿岸流は海岸線とほぼ平行に流れる比較的安定した潮の流れだ。一定方向に流れるために、運ばれてきた砂は同じ所に堆積する。

代表的なのが「砂嘴《さし》」と「砂州《さす》」だ（図3－2）。

いずれも、海や湖の湾の一角に砂が溜まってできる。鳥のくちばしのような形に砂が堆積したのが砂嘴だ。このくちばしが延び出して対岸とつながり、湾を囲こうようになったのが砂州である。

砂嘴の例としては、「三保《みほ》の松原」（静岡県駿河《するが》湾）、「和田《わだ》ノ鼻」（徳島県小松島《こまつしま》湾）、砂州の例としては「天橋立《あまのはしだて》」（京都府若狭《わかさ》湾）、久美浜《くみはま》湾（京都府）などが代表的だ。

湾口が塞《ふさ》がれて湖のようになった「潟湖《せきこ》」は、サロマ湖や厚岸《あつけし》湖（北海道）、小川原《おがわら》湖（青森県東北町《とうほくまち》）、中海《なかのうみ》（島根県松江《まつえ》市など）などが知られている。江戸時代以来、多くの潟が埋め立てられて田畑に変わった。秋田県の八郎潟《はちろうがた》は琵琶《びわ》湖に次ぐ大きな湖だったが、20年におよぶ干拓事業によって埋め立てられ1964年に「大潟村《おおがた》」と命名されて村になった。

静岡県の浜名《はまな》湖はもともと遠州灘《えんしゅうなだ》と隔てられた潟湖だった。諸説あるが、1498年の明《めい》応《おう》地震の津波によって砂州が決壊して外海とつながり、現在の汽水湖（塩分が混じった湖水）になったとされる。決壊して海とつながった部分が、「今切《いまぎれ》」（「今切れた」の意味）と呼ばれ地名にもなった。

海岸から近い距離に島がある場合、島の陸に面した側は波が穏やかになり、砂が堆積しやすくなる。陸と島の間に砂が堆積して架け橋のようになったのが「陸繋砂州《りくけいさす》」だ。イタリア語で砂丘を意味する「トンボロ」と呼ばれることも多い。

トンボロの例としては「江の島《えのしま》」（神奈川県藤沢市《ふじさわし》）や「潮岬《しおのみさき》」（和歌山県串本町《くしもとちょう》）。珍しいものでは1923年の関東地震の地盤の隆起と、その後の砂の堆積によって陸とつながった「沖ノ島《おきのしま》」（千葉県館山市《たてやまし》の房総半島《ぼうそうはんとう》）がある。静岡県西伊豆町《にしいずちょう》の堂ケ島《どうがしま》の「三四郎島《さんしろうじま》」は、干潮になると海の中から道が現れて陸とつながる日本では珍しいトンボロだ。フランスにある世界遺産のモン・サン＝ミッシェルはその典型だ。

こうして、湾↓潟↓湖↓平野へと長い年月をかけて変化し、陸地が海に向かって前進する。日本でもっとも古くから開発された大阪平野は、こうした発達の典型的な例である。縄文時代には、現在の寝屋川市《ねやがわし》あたりまで河内湾《かわちわん》が入り込み、上町《うえまち》台地は半島になっていた。

そこに淀川《よどがわ》など周辺の川から流れ込む大量の土砂が堆積した。弥生時代から古墳時代にかけて、砂州の発達で上町台地は大阪湾と上流の河内湾とが隔てられ、河内湾は河内潟湖へと変化した。その潟湖は淀川・大和川《やまとがわ》が運ぶ堆積物によってゆっくりと縮小していき、5世紀ごろには現在の大阪平野の姿になった。現在では大阪湾のほぼ全域に埋立地が広がって、自然の海岸はほとんど残っていない。

海岸近くの海水は複雑な流れをつくる。海岸線に斜めの方向から打ち寄せた波の一部が、海岸に沿って流れるのが「沿岸流」。地形によって比較的強い流れになり、「離岸流《りがんりゅう》」となって沖へと向かう。

河口に堆積しないで海中に流れ出した砂は、「漂砂《ひょうさ》」となって岸近くを漂う。沿岸流は海のなかを流れる「川」と考えるとわかりやすい。この川は、大量の沈澱《ちんでん》物を運ぶ能力をもっている。漂砂が沿岸流によって運ばれ、波によって海岸に打ち上げられて砂浜をつくる。

一方、波の打撃や岩盤の割れ目に入り込んだ水や空気の圧力によって侵食されてできた海岸沿いの崖《がけ》のことを、「海食崖《かいしょくがい》」という。福井県の「東尋坊《とうじんぼう》」や島根県の「摩《ま》天崖《てんがい》・知《ち》夫《ぶ》赤《せき》壁《へき》」などの観光名所がある。この侵食で土砂が生まれ、これが海岸沿いに運ばれて砂浜ができる。

波、潮流、風などによる侵食で、海岸の砂はつねに運び去られている。しかし、川が運んでくる砂、沿岸流が押し戻す漂砂、海食崖から削り取られた土砂などによって、砂が補給され、このバランスで砂浜が維持されてきた。砂の補給が少なすぎれば海岸はやせていき、多すぎれば砂丘になる。

建築に使えない砂漠の砂

砂資源の危機が叫ばれると、「砂漠にはいくらでもあるのに」という反論が返ってくる。

だが、砂漠の砂はコンクリートの骨材には使えない。砂漠の砂は風によって運ばれる途中で

写真3-3　砂漠の砂粒。お米のように丸くて角がない（スーダンのサハラ砂漠で）（出典　国連環境計画）

砂の粒子が互いにぶつかり合って、細かく砕かれるうえ均一になって表面がつるつるに磨かれる（写真3－3）。

セメントに混ぜるには細かすぎるうえに、角がないために砂同士がからみ合うことができない。このため、セメントと混ぜてもコンクリートの強度が得られない。川砂の場合はひと粒ずつ形が異なり、ジグソーパズルのピースのように互いにかみ合うので、セメントに混ぜるとがっちり固定される。川砂をザラメ砂糖にみたてるなら、砂漠の砂は米粒のような形状と思えばわかりやすい。

さらに砂漠の砂の致命的な問題は、砂の塩分含有量が高すぎることだ。海砂と同様に、アルカリ骨材反応（第五章）を起こして建造物の強度や安全性が脅かされる。砂漠に植物が育ちにくいのは、水の不足とともに塩分が多いためだ。

砂漠に囲まれた中東の湾岸諸国では、建設ラッシュ（第一章）がつづいているが、建築用の砂はすべて海外からの輸入だ。「砂漠の国々が砂を輸入する」というパラドックスは、この砂の性質によるものだ。

砂漠はどのようにできるのか

雨の多い日本では、主として「川」と「波」が砂をつくり出すのに対して、雨の少ない砂漠地帯では「太陽」と「風」がその原動力になる。大気中の水分が上昇気流によって上空に運ばれ、冷えて落ちてくるのが降雨だ。地理・気象的な条件で空気が乾燥し、しかも上昇気流が少ないと砂漠となりやすい。

サハラ砂漠はつねに高気圧に覆われ、湿った大気が入ってこられないために雨が少ない。アフリカ南西部のナミブ砂漠は、近くに寒流が流れているため地上付近の温度が低くて水蒸気が上空に運ばれないために、年間の雨量は30ミリほどしかない。

砂漠はアフリカに限らず、中東、北米南西部、南米太平洋岸、オーストラリア、中央アジアにも分布、南極にも「冷砂漠」がある。植生がほとんどなく、むき出しの地表が露出している苛酷《かこく》な自然だ。地球上の陸地の約3分の1は砂漠かそれに準じた乾燥地帯である。

砂漠というと、日本人は童謡「月の沙漠《さばく》」を思い浮かべるだろう。画家で詩人の加藤《かとう》まさをが、1923年に挿絵をつけて発表した詩だ。王子とお姫さまがラクダに乗って砂丘を行く挿絵が、日本人の砂漠のイメージをつくりあげたといわれる。加藤ゆかりの千葉県御宿《おんじゆく》海岸には「月の沙漠記念館」があり、2人が乗ったラクダの銅像が飾られている。

私はケニアのナイロビに本部を置く、国連環境計画（UNEP）に勤務していたとき、「砂漠化」の調査のためにアフリカをはじめ世界各地の砂漠を調査した。スーダン北西部のサハラ砂漠の小さな村に、長期間住んだことがある。日中の屋外では50度を超え、湿度は0%という世界だ。その一方で、雨季の明け方には零度近くまで冷え込むこともある。

サハラ砂漠では、砂丘は全体の15%ほどで残りは岩がごろごろしている「礫砂漠《れきさばく》」や土や粘土で覆われた「土砂漠」である。風によって移動する砂丘では植物は育たないが、「礫砂漠」や「土砂漠」には、刺だらけの低木や多肉植物が生える。

雨季に入ると、見わたす限りお花畑に変わる場所もある。南アフリカ共和国の北西部にあるナマクアランドは「神々の花園」の別称の通り、毎年現地の春、9月に入ると色とりどりの花が地平線まで埋め尽くす。南米チリのアタカマ砂漠では、数年に一度の割合で発生するエルニーニョ現象によって雨が降った直後に、やはり砂漠が花で覆《おお》われる。

砂漠の砂は岩石の風化によって形成される。スーダンの砂漠でこんな経験をした。ある日の夕方、ライフルを撃ったような、パーンというはじける音がして飛び上がった。スーダン南西部は当時、イスラム系の政府と非アラブ系住民の民兵組織との間で約40万人ともいわれる死者を出した凄惨《せいさん》な内戦の真っただ中で、その戦闘かと思った。

翌朝、音のした場所におそるおそるいってみると、高さ3メートルほどもある岩が真っ二つに割れていた。岩の割れ目に染み込んだ水分が、太陽光で温められて膨張したのが原因だ。

こうして大きな岩がしだいに砕かれていくのが、風化の第一段階だ。この一帯でも、何年かに一度、局地的な豪雨が降る。砂の大地は水を吸い込まないため、表面を流れて鉄砲水になる。この鉄砲水によっても岩が砕かれる。ときとして、砂漠の真ん中で洪水が起きたというニュースが報じられる。2019年9月には、サハラ砂漠の国ニジェールで豪雨による洪水が相次ぎ、57人が溺死《できし》する事件があった。

細かくなった岩の破片は、風に運ばれながら互いにぶつかり合い地面に衝突してしだいに粉砕されて砂になる。風による砂の運搬は、風速と粒子の大きさによって決まり、小さな砂粒だと秒速5メートル前後で移動をはじめ、浮上して少し移動しては落下することを繰り返す。砂粒が大きいと地表を転がりながら移動する。

長距離移動する砂塵

砂漠の砂は自由気ままに移動する。ときには数千キロも運ばれていく。それを実感したのは、大西洋のアフリカの対岸、カリブ海だった。陽光がさんさんと降りそそぐはずの3月のカリブ海。トリニダード・トバゴの街を歩いていると、どんより曇った空からいきなり細かい砂塵《さじん》が降ってきた。見回すと、駐車した自動車から並木の葉までがキナコをまぶしたようだ。

土地の人に聞くと「サハラ砂漠から飛んできた砂塵だ」という。日本でも春先に大陸から飛んでくる黄砂はなじみ深い。だが、サハラ砂漠の砂は、風に乗って7000キロも大西洋を超えてきたのだ。砂漠やその周辺では、猛烈な砂嵐は年中行事である。

砂嵐は土地によってそれぞれ呼び方が異なる。北アフリカからアラビア半島にかけては「ハブーブ」や「ハムシン」。西アフリカでは「ハルマッタン」、東アジアでは「黄砂」だが、中国ではとくに激しいのを「沙塵暴《さじんぼう》」と呼ぶ。

砂の恐ろしさを、身をもって体験したのは、スーダンの村に住んでいたときだった。ある夜、何の前触れもなく満天の星が輝く空から星が隠れはじめた。あちこちで「ハブーブ（砂嵐）」という叫び声が上がる。上空の星が消えた瞬間、強風とともに頭上からドスンと砂の塊が落ちてきた。強烈なハブーブだった。

目、鼻、口、ところ構わず粉のような砂が入り込んでくる。誰かが私を小屋の中に押し込んで、布きれを被《かぶ》せてくれた。あたりは砂だらけだ。3時間ほどで収まったら、次は土砂降りの雨に変わった。大粒の雨が乾き切った大地をたたき、灰神楽《はいかぐら》のような砂ぼこりが舞い上がる。

その年のはじめての雨に、大人も子どもも外に飛び出して雨に打たれている。私も一緒になって雨の中を走り回った。雨の到来がこんなに心弾むものだとは、ついぞ体験したことがなかった。

翌日、空は晴れ上がった。ぐったりとしていた木々は、シャンと枝を伸ばした。地面はそれまで見なかったアリの巣穴だらけになった。空中で急旋回しながら虫を取る野鳥のハチクイやヒメアマツバメが姿を現した。これが、砂漠の春なのだろう。

小屋のまわりには砂が吹き寄せられて壁ができていた。江戸時代の「飛砂」さながら、一日中「砂おろし」の重労働に追われた。

サハラ砂漠から巻き上げられる砂塵の量は、年間20～30億トンにもなると推定される。全人類の総体重は約4億トンというから、その数倍の人たちが風に乗って飛んでいく計算だ。ときには上空6000メートルの高空にまで巻き上げられる。

風に乗って北に向かった砂塵は欧州大陸を横切って北欧にまで達し、氷河を黄色く染めることもある。西に向かったものは、大西洋を越えて北米やカリブ海や南米大陸に降りそそぐ。飛来量が最高になる7月には、大西洋上を移動する茶色がかったかすみが、人工衛星写真に写し出される。

南フロリダやカリブ海では、砂塵の飛来する季節には、夕日が朱色を帯びて一段と大きく映える。ノーベル文学賞を受賞したカズオ・イシグロは『日の名残り』のなかで「人は夕日に魅せられる」と書いた。世界各地で夕日を眺めてきたが、カリブ海の色とりどりの豪華な夕焼けには圧倒された。

砂塵などの浮遊する粒子が多いと、太陽の光は粒子にぶつかって光を散乱させる。波長の短い青い光は拡散されやすいが、波長の長い赤い光はあまり散乱されることなく地上にいる人の目に届く。これが夕焼けだ。

20世紀最大の噴火といわれた1991年のフィリピンのピナツゥボ火山の噴火後にも、火山灰の影響で世界中で不気味なまでに赤い朝焼けや夕焼けがみられた。1883年の史上最大級のインドネシアのクラカタウの噴火の後も数年にわたって異様な色の夕焼けが観測された。ノルウェーの画家ムンクの代表作『叫び』の背景の夕焼けは、このときの記憶がヒントになっているとする説もある。

砂塵は洗濯物を汚し、工場の精密機械を故障させ、ときには呼吸器に障害を与える。確かに迷惑な存在だ。だが、アルカリ性の砂塵は、日本の酸性土壌や大陸から飛来する酸性雨を中和する働きがある。農業にとっては恩恵だ。

また、植物に必要な塩類が含まれていて、サハラ砂漠からの砂塵は中南米の熱帯林に栄養塩を補給している。太平洋の真ん中のハワイ諸島で農業ができるのは、中国から日本列島を飛び越えて飛来する黄砂のおかげでもある。

サハラ砂漠の砂はどこから来たのか?

「サハラ」は、アラビア語で「不毛の土地」を意味する。面積は地球の陸地面積の約16分の1に相当する907万平方キロ。アフリカ大陸の3割を占める。今では砂や岩で覆われているが、かつては緑に覆われた大地だった。湖や川も多く存在し、狩りや釣りで生活していた人類の痕跡《こんせき》も残されている。

1996年に公開されたアメリカ映画『イングリッシュ・ペイシェント』は、アカデミー賞の9部門を受賞した名作だ。サハラ砂漠の一部のリビア砂漠が舞台になっている。映画のなかで、洞窟《どうくつ》の壁に描かれた先史時代の岩絵が暗示的に使われる。岩絵には、水のなかで泳ぐ人やカバやワニなど水と関係の深い動物が登場する。

この映画に登場した岩絵は、実際にエジプトの8000年前の洞窟遺跡「ワディ・スーラ

Ⅱ」で、2002年に発見されたものがモチーフになっている。「泳ぐ人」の発見は世界に衝撃を与えた。かつて「緑のサハラ」といわれる自然豊かな時期があったことが証明された。その後、約5000年前にはじまった気候の劇的な変化によって一気に乾燥化が進行した。

緑の時代には雨も多く、川が土砂を運んできたと考えられる。だが、気候が乾燥化するにつれ強い日射と極端な寒暖差に風が加わって、風化作用による砂の供給が増えていった。風化作用は鉱物によって異なり、橄欖《かんらん》石、輝石、角閃石《かくせんせき》などは風化を受けやすい。一方で、長石や石英などは風化作用を受けにくく、砂漠の砂の主成分になる。

砂丘は吹く風により形を変える。砂嵐の翌日にまったく地形が変わっていて、驚かされることもある。

そのとき、砂丘の斜面には大海原が波打ったかのようなさまざまな模様の風紋《ふうもん》が刻まれていく。何時間見ていても飽きない不思議な光景だ。

そして、吹き寄せられた砂が砂丘の頂きを越えて斜面を滑り落ちるときに、独特の音を発する。地元民は「砂が歌う」というが、英語では「barking sand（吠《ほ》える砂）」といわれる。オーストラリア先住民の楽器イダキ（ディジュリドゥ）に似た、腹の底に響く低くうなるような音色だ。一度耳にすると決して忘れられない響きだ。

日本でも、砂丘の移動が見られる。季節風の強い冬は風下へ、春から夏にかけては風上側へ少しずつ移動する。鳥取砂丘には、浜街道沿いに峠越えをする旅人が一服していた浜坂《はまさか》に「柳茶屋《やなぎぢゃや》」があったが、1944年には飛砂に埋まって閉鎖された。

鳥取砂丘は山陰海岸国立公園の特別保護地区に指定され、砂丘の景観を維持するため入り込んでくる雑草や木を取り除いている。砂漠化の防止をめぐる国際会議で、砂漠緑化による砂の移動阻止についてよく話し合われる。私が「日本では砂漠を維持するために草木を除去している」と発言すると、出席者は信じられないという顔つきになる。

この半世紀ほどの間に、各地の砂漠の周辺の半乾燥地帯で異変が目立ってきた。点のような小さな砂漠ができ、それがカビが増殖するように広がってお互いにくっつき合って大きな砂漠へと呑《の》み込まれていく。これが「砂漠化」である。国連は砂漠化を防止するため、1994年に「砂漠化対処条約」を採択した。

砂漠周辺の半乾燥地帯は、人が生活するのにぎりぎりの苛酷な環境だ。人口とともに家畜が爆発的に増えて、過剰な放牧や農業で植生が破壊されて砂漠化が進行している。森林がサバンナに、サバンナがステップに、そしてステップが砂漠に、玉突きのように変わっていく。ちょっと油断すると、たちまち雑草に占領される日本の気候とは対極の世界である。

骨材とは

普段の生活のなかで「砂」が意識されることはほとんどない。あっても、ネコ砂か、水槽の敷き砂か、公園の砂場ぐらいだろう。だが、砂がなければ私たちの日常が成り立たないところまで砂に頼りきった生活を送っている。

なかでも砂の最大の用途は、セメントに混ぜてコンクリートをつくる「骨材」だ。つまり、コンクリートの本体は砂で、セメントをつなぎにして固めたものだ。

この骨材の大量消費が砂資源の危機を招いているのは、すでに見た通りだ。骨材に次ぐ用途は「埋め立て用土砂」と「工業用の原料」。そして近年需要が急激に伸びている「オイルシェール掘削」に使われる砂である。

セメントの利用の歴史は古い。石灰岩でつくった竈《かまど》は、熱によって石の表面がぼろぼろに砕ける。それが水分を含むとふたたび硬くなることから、セメントが発明されたともいわれる。

約9000年前のガリラヤ地方（現在のイスラエル）のイフタフ遺跡での発掘調査で、住居跡から現在のセメントに似たものが塗られた壁が見つかった。紀元前2600年ごろにつくられた古代エジプトのピラミッドや、その後の古代ギリシャ・ローマ時代の建造物にも、石と石を接着させる材料にセメントが使われている。

とくに、ローマ時代のパンテオンや水道などの巨大建造物は、セメントがなければ建造できなかっただろう。このセメントは、石灰（炭酸カルシウム）を主成分とする石灰岩や大理石を砕き、焼いて粉末にして砂を加えたものだ。

耐久性に優れていたことは、当時の建造物が2000年の時を経て今なお残されていることで証明される。前19年に建設されたローマ市内のビルゴ水道は、一部が今なお使われている。その後、セメントはさまざまな改良が加えられたが、石灰岩を焼いて粉末にするという基本的な製法は変わらない。

コンクリートミキサー車が、巨大な樽《たる》のようなドラムを回転させながら走る姿や、工事現場で小型のドラムにセメントと砂を加えて攪拌《かくはん》しているのはおなじみの光景だ。建設の世界では、砂や砂利は「骨材」と呼ばれる。その名の通り、コンクリートの骨格となる建設資材だ。骨材は粒径が5ミリ以下の細かい「細骨材」（砂）と、それより大粒の「粗骨材」（砂利）に分けられ、用途によって配合を決め水で練り上げる。

それだけに、骨材には特別の品質や性能が要求される。たとえば、コンクリートが真夏の直射日光にさらされて数十度の高温度になっても、あるいは冬季に氷点下になっても変形せずに安定していること、大気汚染物質の酸性雨などさまざまな化学的物質に侵されないことなどだ。

セメントに水と砂だけを加えたものを「モルタル」といい、ブロックやレンガを積むときの接着剤や壁の仕上げに使う。モルタルに骨材と水を加えたのが「コンクリート」である。強度を高めるために鉄の棒を埋め込んだものが「鉄筋コンクリート」、さらに強度が必要な大型建築物では鉄骨で補強し、「鉄骨鉄筋コンクリート」となる。

鉄筋や鉄骨を入れるのは、コンクリートは圧縮する力には強いが引っ張る力にはもろい欠点を補うためだ。大地震のときに、外から加わる圧縮力《あっしゅくりょく》には耐えられるが引き裂くような引《いん》張力《ちょうりょく》には弱く、ひび割れや損傷が生じる原因になる。

骨材の効果は、コンクリートの性能と経済性を高めるものだ。できるだけ少ないセメント量で、強度のあるコンクリートをつくることが目的だ。しかも、コンクリートはアルカリ性を帯びているために、コンクリートには鉄筋や鉄骨の錆《さ》びを防ぐ効果もある。

今から60年前の学生時代の講義で「コンクリートがなぜ固まるのかよくわかっていない」と聞かされてびっくりしたことがある。学生のひとりが「先生！　この校舎は崩壊したりしませんか」と質問したら、工学部の教授は「コンクリートを使った古代ローマの建物もまだ残っているぐらいだから、まず大丈夫だろう」と平然としていた。

コンクリートが固まるのは、含まれているセメントが水と反応して徐々に固まっていく「水和反応」という化学反応によるものだとされるが、長いことよくわかっていなかった。アメリカのマサチューセッツ工科大学の研究者が固まる仕組みを完全に解明したと発表したのは2016年のことだ。

この反応には発熱が伴う。大量のセメントペーストが固まるときに内部に熱が溜まり、ときには100度を超える高温になることさえある。高温になると、外気に接する外側と内部の温度差が大きくなってひび割れが起きやすくなる。そこで、セメントの割合を減らして、発熱量を抑えるために骨材を加えるのだ。

砂の用途

砂の用途はあまり意識されることはないが、実は私たちの生活や産業を支えている。

○ガラスは最古の砂製品

ガラス製造の歴史は、紀元前3600年ごろのメソポタミアにまで遡《さかのぼ》るとされるが、それ以前にエジプトでつくられていたとする説もある。

現存する最古のレンズは、紀元前700年ごろのニネヴェ（現在のイラク北部）の遺跡から発見されたものだ。太陽熱を集める着火用（火取りレンズ）とみられる。古代ローマではガラス製のつぼやワイングラスなどの容器が広く使われていた。

現在では、私たちの生活はガラス製品によって一変した。イギリスの工学者マーク・ミーオドヴニクは著書『人類を変えた素晴らしき10の材料』のなかで、「清潔」「時間」「光」などに関わる材料とともに「ガラス」が人類史に果たした役割をこう述べている。

「ワイングラスの流行からガラス文化が生まれ、それが望遠鏡や顕微鏡という科学の礎を築くツールへと結実した。またステンドグラスが教会の荘厳性を決定づけ、鏡は自己という認識を深めることへの一助にもなった」

ガラスにはさまざまな種類があり、材料も少しずつ異なっている。一般的に使われているガラスは、珪砂《けいしゃ》、ソーダー灰、石灰石の3つが材料だ。すべて砂や石から取り出したものだ。珪砂は身近な存在で、公園の砂場の砂に混じっているキラキラ光るガラスの破片のようなものがそれである。

18世紀にはフランスで板ガラスの鋳造《ちゅうぞう》法が開発され、以来建築物の窓には欠かせない存在になった。実用性からみれば、初期の最大の発明は眼鏡だ。13世紀ごろにイタリアで発明されたといわれる。マルコ・ポーロ（1254〜1324）の『東方見聞録』には、元《げん》のフビライ・ハンの宮廷でレンズが使われていたと書かれている。1400年代にはヨーロッパに広まった。

眼鏡は印刷物と深い関係がある。ドイツ出身の金細工師グーテンベルクが、15世紀なかごろにブドウ搾り器をヒントに印刷機を発明した。これによって、特権階級の専有物だった聖書を庶民も読むことができるようになった。識字率が一気に上がって活字文化が急速に広まり、同時に眼鏡を必要とする人びとが増えて眼鏡が普及していった。

日本では、1549年に来日したキリスト教宣教師、フランシスコ・ザビエルが、周防《すおう》(山口県)の大名、大内義隆《おおうちよしたか》に贈ったのが最初の眼鏡といわれる。レンズの本格的な国内生産がスタートしたのは、明治時代に入ってからだ。

世界のガラス産業の核となる「フロート製法」は、イギリスのピルキントン社によって1959年に開発され、ガラス製造技術の世界標準となった。ガラスの材料を約1500度の高温の窯《かま》の中で溶かし、それを引きのばして製品にする。平滑な板ガラスが連続的に生産できるようになり、建築用のクリアガラス、着色ガラス、コーティングガラス、自動車用のフロントガラスなどがこの製法によって生産されている。

○パソコンにも砂が必要

近年は「産業のコメ」といわれて、産業には欠かせない半導体の基本材料である「基板」は、有機ケイ素からつくられる。これは砂や岩石のなかに酸素と結合したシリカの状態で存在する。シリカから抽出したシリコン(ケイ素)からつくられる「ウエハー」と呼ばれる薄い円板の上に、回路を焼きつけたものが半導体だ。シリコンは、地球上では酸素に次いで2

番目に多く存在する元素だ。

半導体は身辺にあふれ、半導体が入っていない製品を探す方がむずかしい。たとえば、エアコンには温度センサーに使われ、炊飯器でおいしいご飯を炊けるのも半導体で加熱を細かく調節しているからだ。パソコンを動かすＣＰＵ、スマホ、デジタルカメラ、テレビ、洗濯機、冷蔵庫、ＬＥＤ電球など、多くのデジタル家電製品には半導体が内蔵されている。

インターネットや通信などの社会インフラも、その中枢を支えているのは半導体だ。銀行のＡＴＭ、電車の運行、物流システム、医療や介護などにも活用される。すでに自動車には半導体が多用されているが、今後のＡＤＡＳ（先進運転支援システム）の実用化のカギをにぎるのも半導体となる。

また、あらゆるモノがインターネットにつながるＩｏＴ（モノのインターネット）やＡＩ（人工知能）の普及、ビッグデータやクラウドの活用により、半導体が担う役割は飛躍的に増大していくことだろう。

○鋳物砂

鋳物は鋳型《いがた》に、溶けた金属を流し込み、凝固、冷却して作られる。溶かした金属を流し込むための鋳型は、粘土分をほとんど含まない川砂や珪砂を特殊な薬剤で固めて作る。これを

「鋳物砂《いものずな》」という。

型を作りやすく、高温と高圧に耐え、金属と反応しないで金属が固まるときに出るガスを逃がすという特性を備えている。砂型の中で十分に冷やされた鋳物は枠から砂ごと分離され、砂は回収されて元の砂に戻して再使用される。

鋳物工場で鉄を溶かす溶解炉は「キューポラ」と呼ばれ、工場から突き出した煙突は鋳物の街のシンボルだった。鋳物の街、埼玉県川口《かわぐち》市を舞台にした映画『キューポラのある街』は1962年に公開された。1964年の東京オリンピックのメイン会場の聖火台が、この街で鋳造されたことで有名になった。

鋳造品は主に、自動車を中心とする輸送機械、一般機械の部品に使われている。自動車のエンジン、ブレーキ、ホイール。街を歩いていると見かける鋳物製品には、マンホールのふた、お寺の釣鐘、銅像、街灯……赤い円筒型の古い郵便ポストなどがある。

部品として使われているのは、水道の蛇口、炊飯器、洗濯機、パソコン、デジカメ、携帯電話などの家電製品、フライパン、鍋《なべ》などの日用品、ストーブ、ガス器具などの暖房用品。ドアレバーも鋳物が多い。

○作物栽培

野菜や果樹の砂地栽培には、少なくとも300年以上の歴史がある。江戸時代中期に、沿岸部で水田を飛砂から守るために盛んに砂防林の植栽が進められた（第五章）。土壌が安定したその内側では農地が造成され、特産となる野菜、果実が栽培されるようになった。「鳥取砂丘らっきょう」の栽培は、一説では江戸時代の参勤交代のときに付け人が東京の小石川《こいしかわ》薬園からタネを持ち帰り、砂丘に植えたことではじまった。

とくに、1953年には「海岸砂地地帯農業振興臨時措置法」が施行された。第2次世界大戦直後の食糧難の時代に、食糧増産を目的として砂丘などの開墾が進められた。砂地は通気性や排水性がよい代わりに、粘土質や有機物の含有量が少なく保水性や保肥性が低い。戦前までは農地としては不適土壌とされてきた。しかし、臨時措置法以後、養分や水分の管理技術が進んで砂地農業が発展した。

現在では、各地にメロンやスイカの特産が生まれ、そのほか砂地の特性を生かして、ピーナッツ、カボチャ、サツマイモ、ネギ、ホウレンソウなど多くの作物が育てられている。

○ビーチバレーボール競技場

ビーチバレーボールで使う砂は、粒の大きさが1～2ミリが6％以下、0・25～1ミリ未満の砂が80％以上92％以下など、国際バレーボール連盟（FIVB）規定によって細かく決まっている。粒が大きすぎても小さすぎても不合格だ。8メートル×8メートルのコート1面あたり砂の量は約400トン。オリンピックでは7面を使用するので、予備も含めて約3000トンが必要になる。

砂の感触は選手にとってプレーに影響するほど大事だという。また、砂の色が白すぎると太陽の光が反射してまぶしく、黒すぎると光を吸収して砂が熱くなる。砂の色も厳格に定められている。

2021年に予定される東京オリンピックでは、国内外から集めた8種のサンプルをFIVBの検査機関が検討した結果、ベトナム産の砂に決定した。2004年のアテネオリンピックではベルギーの採石場の砂が選ばれ、2008年の北京オリンピックでは海南島《かいなんとう》から運ばれた。通常のヨーロッパの大会ではフィンランド、スウェーデン、デンマークの砂が採用されることが多い。

○その他の用途

研磨材《けんまざい》は、削ったり、研いだり、磨《みが》くのに使う粉末やペースト状のものだ。研磨材を結合剤で固めると人工砥石《といし》に、紙や布の表面に接着するとサンドペーパー（紙やすり）になる。日常で、調理道具や床などの洗浄に用いられる細かな研磨材は「磨き粉《こ》」などと呼ばれる。

路面やレールに砂をまくことで、タイヤ、あるいはレールと車輪の間のトラクション（静止摩擦）をあげて滑らずに引っ張る力を高めることができる。雪の多い北海道の道路沿いには「砂箱」が設置され、車両のスリップ止めのために自由に使うことができる。

凍結や落ち葉でレールが滑りやすい地域を走行する鉄道には、砂撒《すなま》き装置が装着されている。新幹線にも一部装着されている。上り勾配《こうばい》で駆動輪が空転して牽引《けんいん》力を失うのを防ぐために、車輪とレールの間に砂をまくことで両者間の摩擦力を増加させる装置である。最近は天然砂よりも効果が大きい酸化アルミニウム粒子が普及している。

○シェールオイル掘削に不可欠な砂

アメリカは２０１９年9月、70年ぶりに輸出量が輸入量を上回り原油の純輸出国になった。２０２０年には年間を通じて輸出国になるとみられる。２０１７年までは世界1位の原油輸入国だったアメリカは、今や世界1位の産油国になった。１９４９年以来70年ぶりのことだ。

２０１６年にはテキサス州からアメリカ産原油を積んだタンカーが、オイルショック後の対外禁輸以来、43年ぶりに日本に入ってきた。70年代のオイルショックでアメリカを屈服させた産油国は、今度は世界市場でアメリカとシェア争奪戦を演じなければならなくなった。

アメリカの石油生産の主役は「非在来型原油」と呼ばれる「シェールオイル」と「サンド

オイル」である。簡単にいえば、岩や砂に染み込んだ石油だ。シェールオイルは頁岩《けつがん》に閉じ込められている。本の頁《ページ》のように薄く層状にはがれやすい岩石である。地層深くではオイルは熱分解が進んでガス状になり、「シェールガス」（非在来型天然ガス）と呼ばれる。これは天然ガスと同じように使える。

シェールオイルは先史時代から「燃やせる石」として使われてきたが、油分を取り出すのにコストがかかって長い間実用化できなかった。ところが、2000年代初頭に水の圧力で深い岩盤に亀裂を入れる「高圧破砕」（フラッキング）と呼ばれる採掘技術が確立した。原油高騰の後押しもあって価格競争力でも対等になり、2010年ごろから米国やカナダで生産が急増してきた。そして「シェール革命」と呼ばれるようにエネルギー需給に大変革をもたらし、リーマン・ショックで痛手を被った地方の経済を潤した。

掘削は、まず地下の頁岩層（シェール層）に向けて、1000〜5000メートルの深さまでドリルで垂直方向に掘る。そこから今度は水平に向きを変えて、2000メートル以上掘り進む。縦穴から横穴に向けて化学物質と砂粒を混ぜた水を高圧で送り込み、頁岩層を砕いて細かな亀裂を入れる。そこにしみ出してくる油分を回収する仕組みだ。

この採掘法による原油生産は、すでに一大産業に成長した。2018年には、ノースダコタ、テキサス、オハイオ、ペンシルベニア州などの油井から、1日あたり800万バレルの原油と、莫大《ばくだい》な量の天然ガスが回収されている。アメリカはサウジアラビアとロシアを抜いて世界最大の産油国にのし上がった。天然ガスも自給自足を達成した。

産地のテキサス、ルイジアナ、コロラド、ペンシルベニアなどの州では、採掘や関連産業のブームに沸き返った。原油生産量に占めるシェールオイルの割合は、２０１０年代には20％台だったのが、２０１９年には68％にまで急増した。

非在来型原油の採掘に欠かせないのが砂だ。フラッキングのときに地層に注入する水に混ぜる砂を「フラックサンド」（破砕砂）という。フラッキングでつくった亀裂は、周囲の岩盤からの圧力で閉じようとする。亀裂に砂を詰めて開いたままの状態に保ち、油分の通り道がつぶれないようしっかり支える役目を担っている。

シェールオイルの生産には、ひとつのシェール油井だけで年間２０００〜４０００トンの砂が消費される。大型ダンプカーで運べば２００台以上にもなる。

フラックサンドの形状には条件があり、亀裂にぴったりと収まるほど小さく油分がスムースに通り抜けられるよう丸みを帯びていることが必要だ。しかもきわめて大きな圧力に耐えられるだけの硬度が必要で、95％以上が石英であることが望ましい。

この条件にあてはまるのは、ウィスコンシンやミネソタ州などの石英砂だ。両州は環境規制が比較的緩いことから、フラックサンドの大供給地になった。ウィスコンシン州では「サ

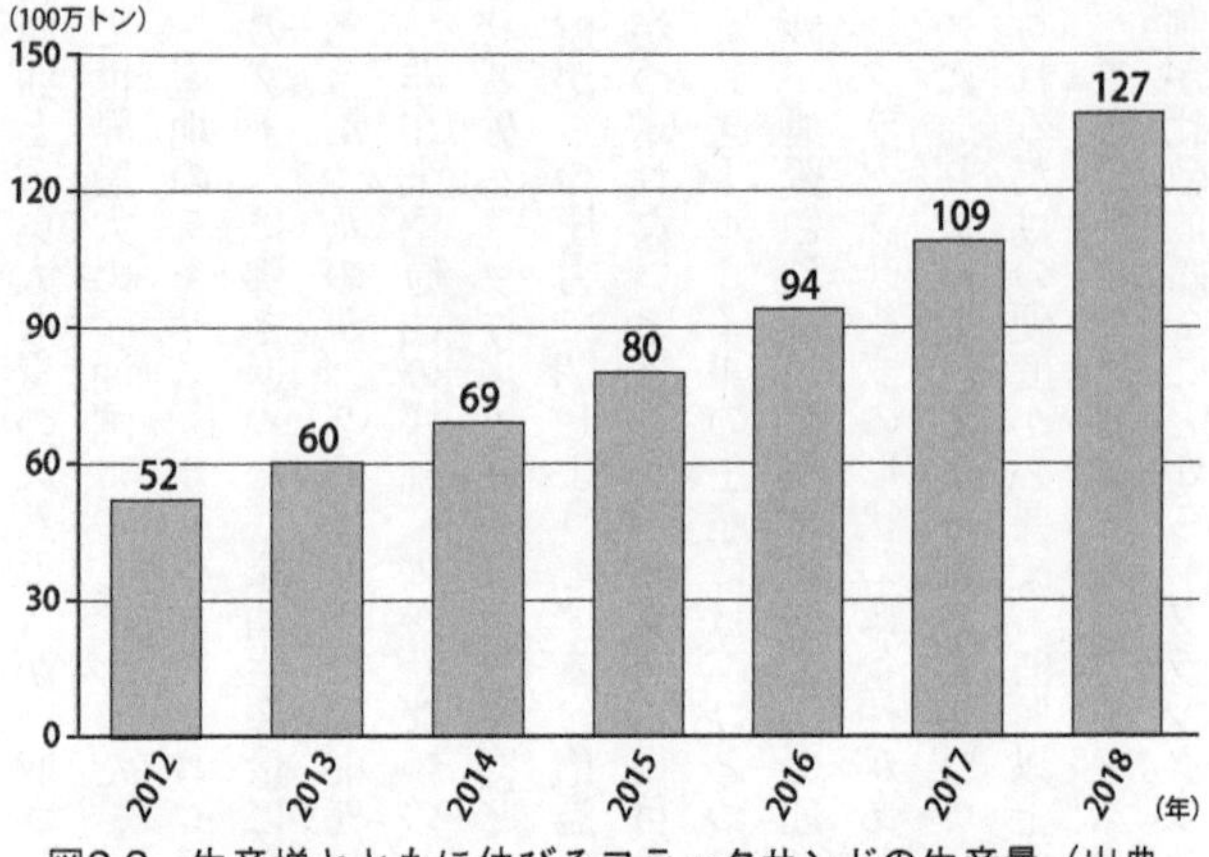

図3-3　生産増とともに伸びるフラックサンドの生産量（出典 Rystad Energy, Drilling and Completions Webiner. 2019）

ンドラッシュ」が起きて、砂の鉱山、加工工場、鉄道荷役施設を含む128の産業用砂施設ができた。

フラックサンドの年間の需要は、アメリカだけで年間約1億2000万トン、過去10年間で6倍以上に増えた（図3-3）。テキサス州西部などでは、砂供給業者、大手金融会社、投資家が入り乱れて砂をめぐる新たな土地争奪戦が起きている。

だが、2019年暮れからはじまった新型コロナウイルスの世界的流行で、世界経済への影響が懸念されてオイル価格が大きく落ち込み、その影響でシェールオイル／ガスが価格競争力を失った。2020年第一四半期の関連企業の決算では、主要12社のうち10社までが赤字になり、関連企業も含めて倒産が続出した。

需要が急減した結果、原油の貯蔵施設が満杯になる懸念が浮上してきた。4月にはニューヨーク商業取引所市場で、原油の売り手が買い手に売り渡すときに逆にお金を支払って引き取ってもらう史上初の「マイナス価格」になった。だが、6月に入って原油価格が値を戻し、シェールオイルもある程度採算が取れるようになってきた。

オイル採掘が引き起こすトラブル

オイルシェール掘削については大気汚染、水質汚染などさまざまな環境問題が指摘され、産地では反対運動が活発になっている。多数の訴訟も起こされてきた。

ひとつの坑井をフラッキングするには9000〜2万9000トンの水が必要とされ、このなかには重金属、ポリアクリルアミドなどの有毒物質が含まれている。それを高圧で注入するために、坑内に張りめぐらされたパイプやバルブなどから漏れ出し、地下水を汚染したり、付近の川や湖から有害物質が検出される事例も増えてきた。水道をひねったらガスが噴き出して火事になった事件もあった。

フラック水は、地中深くの油井にそのまま残される。地質学上、断層に液体を注入すれば「潤滑材」になって巨大な岩の塊同士がずれを引き起こす可能性がある。2011年にオクラホマ州では、フラッキングがはじまった2008年以降、微弱なものを含めて600回を超える地震が発生している。なかでもマグニチュード5・7の中規模の大きさの地震では、負傷者が出て住宅が被害を受けた。カンザス州とテキサス州でも地震が多発している。

オクラホマ州やアーカンソー州では、住民が地震の被害を受けたとして掘削事業者を訴え、賠償金の支払いで和解した。両州の一部地域ではフラック水の注入を禁止している。各地で環境保護団体などがフラッキング禁止の訴訟を起こしている。一方で、農家などの土地所有者はシェールガス開発で莫大な収入が得られるとして、禁止に抵抗している。

オイルシェール/サンドから石油を搾り出すには大量のエネルギーが必要だ。また、掘削に伴って二酸化炭素の25倍も強力な温室効果ガスであるメタンを大気中に排出する。これは同量の原油の生産に比べて地球温暖化ガスの排出量は50%も多い。エディンバラ大学の地質学者であるスチュアート・ハゼルディン教授は「私たちは低炭素社会を構築するために、燃料効率の向上、公共交通機関の利用奨励、都市計画の改善などに取り組んでいるのに、それに逆行する」と反対派の声を代弁している。

だが、中国、イギリス、南アフリカなど、大きなシェール埋蔵量を抱える国々が次々に開発に乗り出して、今世紀後半には世界的にも主要エネルギーの座につきそうだ。かつて、原油価格を支配した石油輸出国機構(OPEC)は、2019年の年次報告書「世界石油見通し」で、アメリカからのシェールオイル供給が拡大し、２０２０年代半ばまでには世界市場におけるＯＰＥＣ産石油のシェアが縮小すると予想している。10年前なら想像もできなかった結論だ。

第四章

砂マフィアの暗躍

サルデーニャ島の砂泥棒

イタリアの人気リゾートのサルデーニャ島で観光を楽しんだ40代のフランス人カップルが、国に戻るために2019年8月にフェリーに乗り込もうとしたところ、警察に逮捕された。容疑はビーチの砂泥棒。持ち出そうとした14本のペットボトルが押収された。中身は計約40キロの白砂だった。

サルデーニャ島は、アクアマリンの海と点在する白い砂浜で有名だ。だが、地元当局は毎年数トンも減っていく砂の補給に、頭を悩ませていた。そこで、2017年に法律を制定して砂を「公共財」として、島外への持ち出しを禁止した。

結局、このカップルは窃盗罪を認め、サルデーニャ島サッサリの裁判所で3000ユーロ(約38万円)の罰金がいいわたされた。この事件の前にも、イギリスからきた観光客がビーチの砂を盗んだとして、1000ユーロの罰金を科された。

日本でも砂浜の砂やサンゴや貝殻サンゴは「国有財産」で、持ち帰りは禁止されている。とくに、沖縄県では漁業調整規則で原形をとどめているサンゴを採ることは厳禁だ。違反した場合は最高3ヵ月以下の懲役か、200万円以下の罰金に処せられる。

世界各国は急に砂浜の砂まで「国有財産」と言い出した。旅の思い出に砂を持ち帰ってビン詰にして飾る人は多いだろう。だが、国によっては犯罪になるのでご用心。

問題はこうしたささやかな「犯罪」だけでなく、砂マフィアによる大規模な砂泥棒が世界的に横行していることだ。国連環境計画（UNEP）は世界中で毎年採掘される470億〜590億トンの砂の総量のうち、合法的に取引されているのは、統計からみて150億トンほどにすぎないと推定している。イギリス・アストン大学のロバート・マシューズは、ヤミ市場では年間1000億ドル規模の金が動いているとみている。

UNEPの報告書によると、違法な砂の採掘や取引は、マレーシア、カンボジア、メキシコ、カーボベルデ、ケニアなど、約70カ国に広がっている。このうち、インド、インドネシア、ナイジェリア、イタリアなど少なくとも12カ国では、「砂マフィア」と称される強力な犯罪組織が砂の採掘や売買に暗躍している。

砂マフィアといっても千差万別だ。なかには数百人規模の武装した大がかりな組織もある。浚渫《しゅんせつ》機械を備えた船から吸引ポンプで砂を川底などから吸い上げ、あるいはパワーショベルやブルドーザーで川岸の砂を集めて、自前のダンプカーで運搬する。大手の建設会社と組み、取り締まりの司法当局や監督機関を抱き込んで、堂々と違法行為をすることも多い。

一方で、夜の闇にまぎれて何人かで採掘禁止の川に潜り、素手で砂を集め荷車で運んで建設業者に売るような零細マフィアもいる。人気のない奥地を狙って採掘するので、発展途上地域では監視や取り締まりがむずかしい。運び出してしまえば、産地の特定はまず不可能だ。

都市化の進むインド

マフィアがもっとも根を張っているインドの実情から見てみよう。国連の人口統計によると、インドの人口は、2019年には13億6641万人だったのが、30年には15億364万人、50年には16億3917万人まで増えると予測される。中国は2019年時点では14億3378万人と世界最多の人口を抱えるが、30年代に入ると人口は減少に転じて2027年ごろにはインドに抜かれることになる。

20世紀の前半まで、インドの人口の9割までは農村に住んで、家も泥と草ぶきが多かった。ところが、国連の「世界都市人口予測2018年版」によると、都市人口は2018年には4億6100万人で、中国の8億3700万人に次いで多い。都市化率は34％に達した。農村と都市の極端な地域格差から、今後も都市への人口流入がつづくことは確実だ。2050年までには都市人口は倍増するとみられる。

人口1000万人以上の「メガ都市」は、2018年現在、世界の20カ国で33ある。インドにはムンバイ、デリー、コルカタの3都市がある。中国の6都市に次いで多い。2030年までにはアフマダーバードとハイデラバードもメガ都市入りをする。

かつて独立運動の拠点にもなったムンバイは、2018年には1980万人だった人口が、

30年には2457万人に膨れ上がると国連は予測する。もともとは7つの島からできていた街だったが、現在では埋め立てられてひとつにつながり昔のボンベイ島は南に張り出す半島に変わった。

現在では、インドの経済成長を支えるビジネスの中心地であり、アジア有数の金融センターだ。新興経済国のBRICS5カ国の一員でもある。それを象徴する200メートル以上の高層ビルだけでも、12本が林立する。近代的なビル街の向こうには巨大なスラム街が広がり、昔の街の姿をとどめている。

海外の大手資本は現地資本と組んで、外観や内装は欧米と遜色《そんしょく》のないハイパーマートやショッピングモールを国内各地に建設している。中間層や所得が増えてきた新中間層がターゲットであり、食料品、衣料品、日用雑貨、電化製品などの種類も豊富だ。

そして、年間1000本以上の映画が制作される「ボリウッド」として、世界最大の映画産業の街でもある。

そのインドで毎年使用される建設用骨材の量は、2000年から2018年にかけて3倍になり、2020年には14億3000万トンになると政府は推定している。ビル、高速道路、港湾、空港、ダム、鉄道などのインフラの建設に使われる。とくに、毎年数千万人が農村から都市に移住し、新たな住宅やオフィスの需要が生まれ砂の消費量を押し上げている。

砂マフィアの暗躍

ジュネーブに本部を置く組織犯罪の専門家組織「組織犯罪防止国際イニシアティブ」がまとめた「インドの砂マフィア」（2019年）の報告書は、世界で3位に入る巨大な建設市場であるインド社会に、深く浸透する砂マフィアの実態をえぐり出したものだ。

インドで「砂のマフィア」という言葉が使われるとき、本物のギャング以外にも、違法な砂採掘から利益を得ている出資者、土木建設業者、採掘労働者、運搬車両の運転手なども含まれる。さらに、これらの関係者から賄賂《わいろ》を受け取る政治家、警察、中央や自治体の役人も一味として受け止められている。

インドでは2012年の高等裁判所判決で、中央政府が採掘の量や手段、採掘場所に規制をかけ、許可を得た業者のみに採掘権を与えることになった。許可なしに砂を採掘した場合の罰則は、懲役2年以下、または2万5000ルピー（約3万5000円）以下の罰金、あるいはその両方だ。

大都市では急激な人口流入で空前の住宅ブームに支えられた建設ラッシュが起き、建設業の市場規模は年間約1800億ドルにもなる。建設業には3500万人以上が雇用され、インド経済計画委員会は、建設業は国のGDPのほぼ9%を占めるとみている。今や中国に次

写真4-1　川から砂を運ぶインドの労働者（AP/アフロ）

ぐ砂の大消費国に成長した。

　だが、つねに砂の需要は供給を上回っているため、この規制はあまり機能していない。かえってヤミ市場を活気づけ、激しい砂の争奪戦がつづいている。砂の生産コストの大部分は人件費と輸送費。犯罪組織にとってはおいしいビジネスだ。砂糖にたかるアリのように、犯罪組織が砂に群がっている原因でもある。

　取り締まりの監視の目を逃れるために、近年は夜間にダイバーが潜って川底の砂を採取する方法がとられている。報道によると、インドでは7万5000人の労働者がこうしたダイバーとして働いているとされる。その多くは貧しい農民や漁民だ。

　ムンバイ市内を流れるターネー川上流では、砂マフィアが地元の漁師たちを雇って砂を採掘している。数年前までは水深15メートルほどの川底で砂を集めることができたが、最近はさらに深く潜らないと砂が採れなくなってきた。このため、耳からの出血や頭痛などの潜水病に苦しむ労働者が増え、命を落とすダイバーが後を絶たないという。

多いときには毎日200回以上潜って、バケツで砂をすくっては小船に積み込む（写真4－1）。その小船から大型の船や陸で待機するトラックに積み替えられて運ばれていく。小舟1杯分の砂を集めると5ドルほどの報酬が得られ、これは全国の平均賃金の約4倍だという。

しかし、違法採掘が横行しても国内で砂の需要をまかないきれず輸入が増えてきた。2017年にはマレーシアから正規のルートで計10万9000トンの砂を積んだ船がタミルナードゥ州とカルナタカ州の港に入港した。おそらく、インドがはじめて輸入した砂と思われる。その後もインドネシアやフィリピンからも砂を輸入している。

政府の長期計画によると、2022年までに手ごろな価格の都市住宅を2000万戸建設し、同時に道路と鉄道のネットワークを一気に拡大させる。だが、必要な砂はどこから持ってくるのだろうか。長期計画では触れられていない。

ジャーナリストにとってもっとも危険な国

砂マフィアはインドの犯罪組織の中でもとくに強大であり、大都市で建設工事や資材ビジネスを支配し、インド各地の川や海で傍若無人に砂を採取しヤミ取引をしている。組織には政治家や地元の有力者だけでなく、公務員、警察官、労働組合幹部なども取り込まれている。

彼らは反対するジャーナリストやNGOの活動家、ときには取り締まる役人や警察官らに対して暴力を振るい、殺害もいとわない。インドの環境NGO「ダム・川・人の南アジアネットワーク」（SANDRP）によると、2018年の1年間だけで、インドの16州で少なくとも28人のNGO活動家や警察官らがマフィアによって殺害された。この何倍かが重傷を負ったり行方不明になったりしているという。

インドで砂マフィアが横行している現実は、ムンバイの環境保護活動家のスミラ・アブドゥライが襲われた事件で世界に知られることになった。彼女は、公害反対や砂の違法採掘反対運動の先頭に立って戦ってきた。NGOの「アワーズ財団」の創設者で、数々の賞を受賞した世界の環境保護活動のリーダーのひとりである。アブドゥライは砂マフィアを告発する目的で、他の活動家らとともに2010年にマハーラーシュトラ州ライガド地区で違法な砂採掘の現場を写真やビデオに収めた。

だが、彼女の車は砂マフィアの車に追いかけられ衝突され、間一髪逃れた。その後も砂問題をめぐって国連などで活発な活動をつづけている。2012年の国連生物多様性条約締約国会議では、「いたるところでマフィアが砂を強奪して、ゴア、ケララ州などの観光ビーチもその被害に遭っているのにもかかわらず、政府や警察は報復を恐れて口をつぐんでいる」と糾弾した。

2013年にはドキュメンタリー映画『サンド・ウォーズ〜広がる砂の略奪〜』(あとがき参照)の制作に協力して砂の奪い合いの現実を世界に訴えた。

一方、報道の自由の擁護を目的にするジャーナリストの国際組織「国境なき記者団」(RWB)によると、インドでは1992〜2020年に48人のジャーナリストが殺害され、34人が殺害の標的にされた。その44人ほどが砂の紛争がらみだ。被害者は、新聞記者、カメラマン、ドキュメンタリー作家、テレビレポーターらだ。

危険にさらされているジャーナリストの保護活動をしている国際NGO「ジャーナリスト保護委員会」(CPJ)は、これらの事件で逮捕され有罪になったのは、1件だけだとして政府や警察のやる気のなさを糾弾している。

RWBのアジア太平洋支部長ダニエル・バスタードはこう語る。

「インドの砂産業は腐敗し、警察官や政治家など多くの公職者の汚職を生み出している。この問題を追及するジャーナリストは命の危険にさらされ、インドは殺傷されるジャーナリストの数がもっとも多い国のひとつである」

抹殺された人びと

手元に殺害された48人のインド人記者のリストがある。名前をたどりながら、改めてその多さに衝撃を受ける。

リストのなかのこんな犠牲者に目が留まった。ジャゲンドラ・シンガ記者は２０１５年６月、ウッタルプラデーシュ州シャージャハーンプルの自宅で殺された。15年間新聞社で働いた後フリーランスに転じて、５０００人近いフォロワーがついているＳＮＳを通して、州政府の政治腐敗を追及していた。とくに、砂マフィアと組んで違法な取引をつづけ、福祉施設で働く女性職員を強姦《ごうかん》するなどやりたい放題だった同州の福祉大臣に狙いを定めていた。

殺害された夜、警察官とマフィアの組員がシンガの家に押し入り、今後大臣に関する報道をしないように脅迫した。拒否すると、押さえつけられ灯油を浴びせられて火をつけられた。病院に運ばれたが、重度の火傷で苦しみながら1週間後に亡くなった。

インドの地方の小都市で起きた事件が全国的に報じられることはきわめて少ないが、ＣＰＪや同僚たちがこの事件を追及した。中央政府にも調査を要求した。しかし、大臣は関わりを一切否定し、警察の検視報告でも自殺として片づけられた。

中部のマディヤプラデーシュ州ビンド県を拠点に活動していたフリーランスのジャーナリ

ストのサンデップ・シャルマは、2018年3月にバイクで帰宅途中に後ろからきたダンプカーに衝突され死亡した。砂マフィアの違法採掘のキャンペーン記事を書いていた。それまでも、マフィアに脅されて警察に保護を求めたことがあった。

彼は砂マフィアが国立シャンバル保護区から違法に採掘した砂を輸送するために、1万2500ルピー（約1万7500円）の賄賂を警察官にわたしている現場を密《ひそ》かに撮影していた。事件後、マフィアとつながりがある建設会社の運転手が逮捕されたが、本人は事故だったと主張して決定的な証拠がないままに釈放された。

2020年6月には、ウッタルプラデーシュ州のカンプ・メイル紙の記者、シュブハム・マニ・トリパチがバイクに乗っていたところを3人組に襲われ、6発の銃弾を浴び殺された。RWBは「彼が亡くなる数日前に身の危険が迫っていることをフェイスブックに投稿していた」と発表した。彼は砂マフィアが違法に土地を占拠して砂を採掘していた事実を暴いて恨みを買ったとみられる。

むろん、警察官にも犠牲者は多い。SANDRPが明らかにした28人の犠牲者のなかに、3人の警察官の名があった。インド中央部にあるマディヤプラデーシュ州で、警察官が砂マフィアのダンプカーを止めようとして轢《ひ》き殺された。別の警察官は、マフィアのダンプカーを停止させて乗り込んだところを撃たれて殺害された。3番目の事件では警察官が取締中に数人のマフィアから集団暴行を受け、病院に運ばれたが死亡した。

8月には、ラジャスタン州警察がジャイプールで違法な砂採取をつづけていた砂マフィアの拠点を襲って25人を逮捕し、トラック40台とトラクター20台を押収した。しかし、銃撃戦になりマフィア側は2人が死亡、警察官2人が重軽傷を負った。同時に、マフィアから賄賂をもらっていた警察官4人も逮捕された。

農村の失業率は高いので、組員をリクルートするのは簡単だ。彼らは採掘や運搬要員だけでなく、暴力装置としても取り締まる役人や警察官、反対する市民を脅迫し、暴力を振るう。ウッタルプラデーシュ州とマハーラーシュトラ州では砂マフィアに雇われたヒットマンが、ひとり2万ルピー（約2万8000円）で殺害を請け負っていたことも明るみにでた。

しかも、ウッタルプラデーシュ州のある地域では、警察は裏でマフィアとつながり、毎月「手当」をもらって、マフィアの犯罪を見逃していた。逮捕されても警察の圧力で有罪判決を逃れるケースが多く、殺害されたあるジャーナリストの場合には、犯行現場で目撃者がいるのにもかかわらず自殺として処理された。

インドの警察官の数は人口10万人あたり約150人（日本は約220人）と少ないことに加えて、給与が低いために犯罪組織と癒着して手当をもらうものが少なくない。NGOの活動家によると、砂マフィアの犯罪を警察に通報しても、事前に情報が漏れて犯人が逃亡していることが多いという。

ヒマラヤのふもとウッタラーカンド州で2013年、集中豪雨と融雪のために壊滅的な洪水と地滑りが発生し、推定約6000人が死亡し、11万人が軍の救援で避難した。現地を調査したアメリカ・ユタ大学の研究者チームは「急ごしらえの観光施設や道路やダム建設などのために大量に砂を取られて、水の流れが大きく変えられて災害を悪化させた」と報告書で結論づけた。

インド北部の中国チベット自治区に隣接するウッタラーカンド州デラドゥでは、2016年にトン川に架かる橋が砂トラックの重量に耐えかねて崩落し、2人が死亡した。同じ年にムンバイ郊外で橋の崩壊によって、2台のバスが川に転落して27人が死んだ。いずれも砂の採掘によって橋げたが露出していた。

2018年8月、モンスーンの集中豪雨で、南インドのケララ州に深刻な洪水が発生した。この地域ではほぼ100年ぶりの大規模な洪水だった。483人以上が死亡し14人が行方不明、数日間で約100万人が避難した。国際的自然保護組織の世界野生生物基金（WWF）は、大規模な砂の採掘によって川の流れが大きく変わり、また河原の砂がなくなって堤防が流れに直撃されて決壊した、と発表した。

アフリカの砂をめぐる紛争

驚異的な人口増加が続き、都市化が進むアフリカでも、砂資源をめぐって事件が起きている。

ケーブルテレビの「ディスカバリー・チャンネル」で、サバイバルの専門家エド・スタフォードの「秘境ハンター」を観ていた。人工衛星の画像から、地上の得体のしれない地形や物体を見つけて現場を探検するという設定だ。その番組は南部アフリカのザンビア西部の草原に点在する連なった丸い大きな穴が目標だった。まるで培養器の培地の上で増殖した細菌のように見える。

私はかつてザンビアに住んでいたことがあるので、その現場に向かう途中の町までは行ったことがあった。スタフォードはその町を出発したあと、ジャングルに分け入り川をボートで下ってあやしげな丸い穴にたどり着いた。何と穴の正体は砂を採取した跡地だった。こんな奥地まで砂採掘の手が伸びていることを知って、ショックを受けた。

私は過去40年間、幾度となく日本とアフリカを往復してきたが、たずねるたびに都市の急成長には目を見張る。過去25年間、年に3～5%の高い経済成長率を示し、アジアに次ぐ成長拠点でもある。多くの国で建築ラッシュがはじまって高層ビルも増えている。砂問題と無縁ではなくなってきた。

インターネットで検索すると、2000年代半ばから砂に絡んだ事件がアフリカ各地で表面化してきたことがわかる。最近では、北部アフリカのモロッコ・チュニジア、東部のケニア・ウガンダ・タンザニア、ソマリア、西部のナイジェリア・ガンビア・リベリア・セネガル・シエラレオネ、南部のモザンビーク・南アフリカなどのニュースがヒットした。

典型的な砂をめぐる紛争は、ガンビアで起きている。この国はセネガルの国土の真ん中に釣り針形に食い込んだ形をしている。岐阜県ほどの面積に約230万人が住むアフリカ大陸最小の国だが、こんなところまで砂採掘が押し寄せている。国の真ん中を流れるガンビア川が大量の砂を運んでくるので、砂は農産物とともに重要な輸出品だ。

だが、砂の過剰採掘によって河床が下がり、満潮時には海水が逆流して耕作地に流れ込むようになり、農民は採掘の中止を政府に訴えてきた。だが、政府は砂採掘を擁護したために、農民としばしば衝突している。

2017年6月には、首都バンジュルから約50キロ離れたファラババンタ村で両者の間で武力衝突が起こり、農民側は採掘の機械やトラックを破壊、これに対して治安部隊が発砲して2人が死亡した。2018年6月にもこの村でふたたび衝突が起き、治安部隊の銃撃によって地元住民が2人殺害され、少なくとも6人が負傷した。調査した国際人権団体のヒューマン・ライツ・ウォッチは、武器の過剰使用だとして政府に抗議した。

欧米やアジア諸国が砂を取り尽くしたあかつきには、まだ砂のフロンティアが残るアフリカの奥地にまで採掘の手が伸び、砂をめぐる紛争が激しくなるのではないかと心配になる。

ナイジェリアの発展

都市化が遅れていたアフリカでも、人口の急激な都市集中が起きている。なかでも、アフリカ大陸で最大の約2億人の人口を抱えるナイジェリアでは、すさまじい人口の都市集中が起きている。首都だったラゴスはラグーン（潟湖《せきこ》）に浮かぶ島を中心に街が発展してきた。1950年当時のラゴスの人口は32万人で、キャッサバ畑に囲まれた村だった。

私がはじめて訪ねた1970年代末には、産油国として原油高騰の恩恵を受けて経済は活況を呈し、ビルが次々に建ちはじめていた。その後、ナイジェリアは驚くべき高度経済成長をとげて経済大国になった。その原動力になった原油生産量は、2019年には世界で12位である。

だが、犯罪が多発してテロが頻発したことで民族紛争が激化し、これに政治腐敗が加わって治安が悪化している。日本の外務省の海外安全情報では、大都市はほとんどがレベル3（渡航中止勧告）やレベル4（退避勧告）に指定されている。誘拐、強盗、窃盗、詐欺なども多く、私自身アフリカ在任中にナイジェリアの詐欺グループに偽造小切手をつくられて困ったことがある。

1991年に首都機能は、建築家丹下健三《たんげけんぞう》が都市を設計したアブジャに移転し、ラゴスは商都になった。2000年の人口は約720万人で、現在の埼玉県ほどだった。それが、今や1300万人を超えて東京都なみになり、カイロと並ぶアフリカ有数のメガ都市に成長した。目抜き通りには高層ビルが建ち並び、有名ブランド店が軒を連ねている。

農村や近隣国から職を求めて人口流入が絶えず、国連の予測では2025年に1580万人、2050年に3263万人、2100年には8830万人を抱える世界最大の超巨大都市になる。

だが、一歩街を出れば巨大なスラムが広がっている。露店がひしめく中心部の通りは、人でごった返し、食料や古着を売ったり、値切ったりする怒号が飛び交う。そこに車がクラクションを鳴らしっぱなしにして突っ込んでくる。おそらく世界でも最悪の交通渋滞都市のひとつといってよいだろう。排ガスの臭いも鼻を突く。

さらに人口は街からはみ出し、海岸の埋立地や海上に高床式の小屋がびっしりと集まっている。世界最大の海上スラム「マココ」である。海岸にはゴミや汚水が流れ込んで衛生状態は最悪だ。

あのラゴスの街をつくったコンクリートの砂は、どこからきたのだろうか。最大の供給地

写真4-2　ナイジェリアでは労働者が海底から手で砂を掘っている（©Robin Hammond/Panos Pictures）

は、ラゴスの街の東側の海岸に沿って広がっているラグーンだ。長さは50キロ以上、幅は3〜13キロで、湖面の面積は約6400平方キロもある広大なものだ。砂州によって大西洋と隔てられている。近年はラゴスから都市・工業排水が大量に流れ込んで、ここでも水質が悪化している。

ラグーンの周辺には、レッキ、エペ、オホ、バダグリーなど数十の砂浜があり、砂採掘業者が集中する。巨大な浚渫船を使って、年間推定9000万トン以上の砂が採掘される（写真4－2）。その一方で、湖岸の陸砂の資源枯渇によって、湖底まで潜って砂が採掘されるようになった。

たまたまその光景を目撃したことがある。ラグーンの湖岸を散歩していると、砂浜で

100人以上もの子どもたちがバケツをもって海に潜っては、砂を船上に放り上げている。川岸に船が運んできた砂の巨大な山ができ、そこからダンプカーが砂を運び出している。マフィア組織が、わずかな賃金で子どもたちを雇っているのだという。

湖岸には陸揚げされた巨大な砂の山が無数にできている。国内だけでなくアラブ首長国連邦などにも輸出される。その近くでは、砂にセメントを混ぜて型に入れ、ブロックがつくられている。

しかし、湖岸や湖底が荒らされて漁獲量が激減したり、湖に流れ込む川の橋げた周辺の砂が掘り取られて橋が崩落するなど、インフラにもさまざまな被害が目立ってきた。ついに、ラゴス州政府は、洪水防止やラグーンの生態系保護を理由に、2018年4月30日までにすべての砂採掘を禁止した。しかし、夜間に採掘するものも多く、禁止はかならずしも効果を上げていない。

住民を分断する砂採取

ケニアの首都から南西に約80キロ。ツァボ国立公園に隣接するマクエニ郡キロメーで、2017年12月、夜の暗闇でその事件が起きた。近くのムーオーニ川で、3人の村人と運転手が砂を車に積み込んでいるところに、いきなり若者の一団が襲いかかった。

彼らはトラックを燃やし運転手にも火をつけた。2人が焼き殺され、逃げ遅れたひとりが矢で射られて死んだ。地元の警察署長が記者会見で「理解を超えた残忍な殺し」と語ったほど凄惨《せいさん》な現場だった。

人口100万人弱の人びとが住む貧困地域のマクエニ郡では、その2年前から警察官や政府関係者を含め、少なくとも9人が殺害されて数十人が負傷していた。そのなかには、若い男性の一団が警察官を襲って毒矢で自由を奪い、マチェーテ（山刀）で目を刺して殺した事件もある。原因は砂の採掘をめぐる争いだった。

ケニアでも都市は驚異的なペースで成長している。首都ナイロビの人口は1963年に独立して以来、10倍に増加して現在では470万人を超えた。高さが約300メートルになるアフリカ大陸で最高層のツインタワービル「The Pinnacle（尖塔《せんとう》）」をはじめとして、高層ビルや大型ショッピングモールが次々に姿を現している。

砂はいくらあっても足りない。大手の建設会社はナイロビに近いマクエニ郡に目を付けた。ここの川岸には手つかずの砂が眠っている。地元民を雇って砂を採取して都市の建設現場に運びはじめた。貧しい一帯では貴重な収入源になった。

だが、新たに水争いが表面化した。ケニアでは近年、全土で干ばつが断続的につづき住民も家畜も渇水に悩まされている。マクエニ郡を流れる川も乾季には干上がるが、河原に井戸を掘って雨季に溜《た》まった地下水を汲み上げてしのいできた。

河原や浅瀬の砂を取り尽くした採取業者は、堤防を破壊することで川面《かわも》を広げて川の水位を下げ、川底のより深い部分からも砂を採掘しはじめた。このため、地下水の水位が下がり、井戸が涸《か》れて乾季には水不足が深刻になり家畜も飼えなくなった。

住民の反対運動やＮＧＯの支援もあって、２０１５年に郡政府は許可がない採掘を禁止した。しかし違法な採掘は止まらず昼夜を問わずつづいていた。砂採掘に反対する地元の若者たちは、砂採掘で働く村人や運転手、賄賂をもらって違法行為を見逃している警察官に怒りの矛先をむけた。それが殺害につながった。

だが、ケニアの砂の需要はこれからも増えていく。国連の予測では、４９７０万人の人口（２０１７年）が２０５０年には８５００万人に膨れ上がる。首都ナイロビでは、２０１９年の４４０万人から２０５０年に１４２５万人にまで増加すると予測される。ビル、高速道路、鉄道、新都市建設などの国家プロジェクトも目白押しだ。これから砂をめぐる紛争が本格化することになりそうだ。

シンガポールの発展

シンガポールは近隣国から砂をかき集めて国土を拡大させてきた「砂上の国家」である

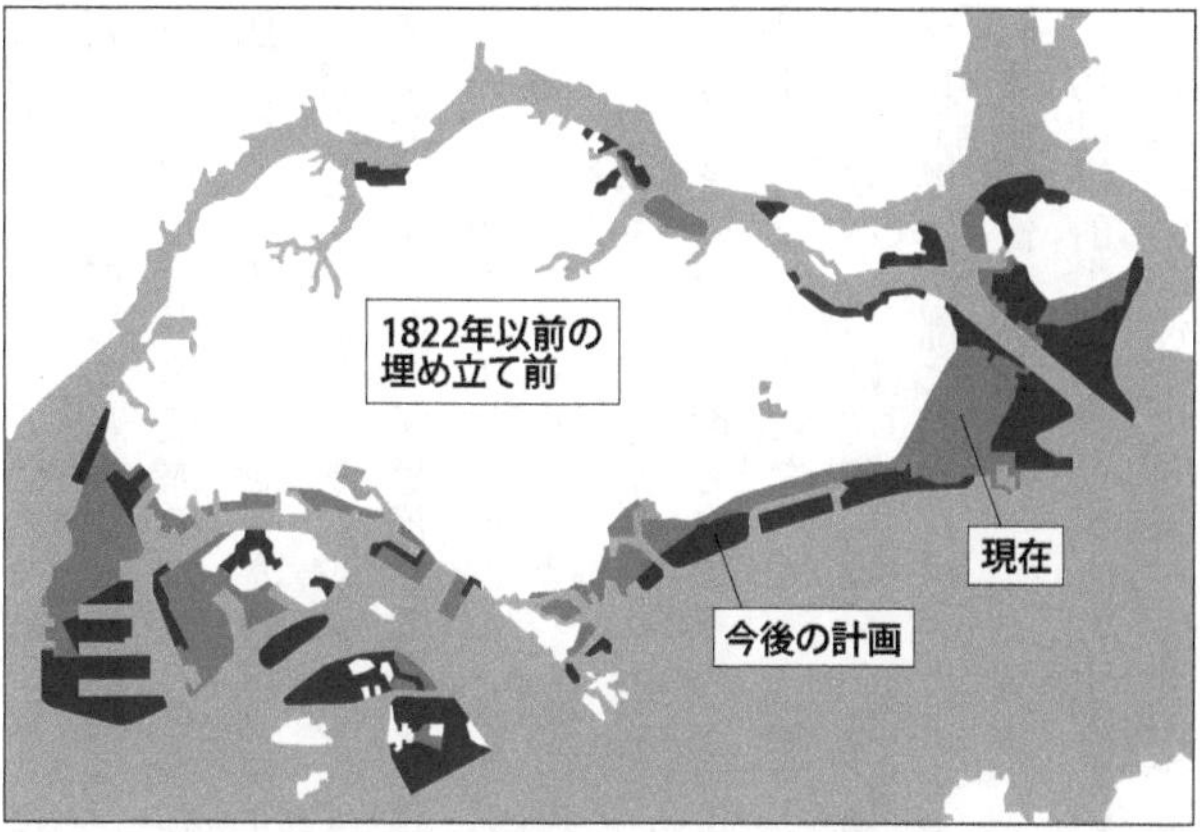

図4-1　埋め立てによって拡大するシンガポールの国土（出典　Singapore Land Authority）

（図4－1）。1965年の独立以来、埋め立てによって国土面積は従来の4分の1も拡大し、1965年の独立当時の575平方キロから722平方キロ（2018年）になった。独立当時は淡路《あわじ》島《しま》と同じ大きさといわれたのが、現在は奄美《あまみ》大島《おおしま》とほぼ同じ面積である。今後の長期計画では、さらに100平方キロを埋めた立てる計画だ。独立当時のシンガポールの人口は約189万人。現在では約564万人が住む。

近年のシンガポールを語るときには、「ウルトラモダン」という形容詞がつく。2011年に完成して間もないマリーナベイに面した統合型リゾートの「マリーナベイ・サンズ」を眺めたときには、その表現にぴったりとはまった。高さ200メートルの3本の高層ビルの上に、巨大な船を載せたような奇抜なデザインだ（写真4－3）。周辺の新たな超高層ビル群もユニークな設計だ。

このビルは世界最大のカジノを中心に、2561室のホテル、ショッピングモール、美術館、シアターなどを含んだ複合リゾートである。屋上の空中庭園「サンズ・スカイパーク」には、世界一高い場所に位置するプールがある。このプールで泳いだが、空中を遊泳している気分で重度の高所恐怖症である私は生きた心地がしなかった。

ヨーロッパの王侯貴族から「スエズ以東でもっともすばらしいホテル」とお墨付きをもらったラッフルズ・ホテルは、イギリス植民地時代の1887年にビーチ・ロード沿いに開業した。「ビーチ」の名の通り、当時の宿泊客は目の前の砂浜で水泳を楽しんだ。

今やその海岸は埋め立てられ、ホテルは海岸から数百メートルも隔てられた。埋立地はマリーナ・センターになって、高級ホテルやレストランやオフィスビルが軒を連ねている。

シンガポールは、本島のジュロン島を中心に63の島々で構成されている。本島はもともと、マレー半島南部にあったジョホール王国の領土の一部で、マレー人漁民と農業を営む華人がわずかに住む島だった。

19世紀前半、東南アジアと中国との貿易の中継基地を求めていたイギリス東インド会社は、その戦略的な位置に着目して商館を建設し、1826年にイギリス植民地に組み込まれた。

海上交通の要衝という地理的優位性とともに自由貿易港であり、東南アジアだけでなく各国から多くの船が寄港する国際港に発展していった。その前後から、港を拡張するために最初の埋め立てがはじまった。当時は高台を掘り崩してその土を運び込んだ。

ジュロン島の発展に伴い周辺国からマレー人、混乱のつづく清朝の華南地域からは福建人、広東人、客家《ハッカ》などの華人、スズ鉱山やゴム農園で働くインド人らが移住してきた。こうして現在の国際色豊かなシンガポールの原型ができあがった。

写真4-3　奇抜なデザインでそびえるマリーナ・ベイ・サンズ

戦時中は日本に占領されて「昭南《しょうなん》島《とう》」と改名され軍政が敷かれた。戦後は1959年にイギリス連邦内の自治州となり、1963年にはマレーシア連邦の一州として独立を果たした。

しかし、1964年に起きたマレー人と華人の民族対立からマレーシア連邦から追放され、1965年に人民行動党（PAP）を率いるリー・クアンユーのもとでシンガポールは独立した。彼は「建国の父」として31年間にわたって首相の座についた。今日のシンガポールの礎は彼の手腕によって築き上げられた。

2019年の1人あたりの名目GDPは6万5000米ドルで世界8位。日本（26位）や米国（9位）より上だ。イギリスの教育専門誌の大学ランキングでも、日本の最上位は東大の36位なのに対して、シンガポール国立大は25位。

ただ、「明るい北朝鮮」「開発独裁」という陰口がついて回る。リー・クアンユーは、独裁的な国家運営を強行した。言論は統制されて政府批判もできない。現在の首相は彼の長男リー・シェンロンであり、事実上の世襲である。

しかも、日常生活にもきびしくタガを締められている。「チューインガムの携帯」「タバコのポイ捨て」「同性愛」「公共トイレの流し忘れ」など罰金の対象になるものは多く、むち打ち刑も存続している。そのためか、シンガポールは日本とともに、世界で一番治安のよい国とされる。

世界最大の砂輸入国に

独立とともに、住宅用、工業用、商業用などの土地が不足し、埋め立てが本格化した。当時、シンガポールの都心部はスラムであり、独立当時の人口密度は1平方キロあたり2640人で、多くの住民は劣悪な生活環境で暮らしていた。ちなみに、2020年の人口密度は8136人である。

独立後、政府が真っ先に取り組んだのが、国民すべてに良質の住居を提供することだった。その政策が功を奏して、今や世界のお手本といわれるほどの近代的な高層の公共住宅を都心部につくり上げた。

1959年の公共住宅の入居率は8・8%足らずだったのが、2018年には全国民の8割が公共住宅に入居している。しかし、新たな住宅建設の土地が足りなくなって、高層化を進めると同時に都心から郊外へと広がっていった。現在でも土地はつねに不足している。シンガポールは経済的発展を維持するために国土の拡大は不可欠だ。

1981年には、マングローブ湿地を約2平方キロメートル埋め立ててチャンギ空港が建設された。これには5200万立法メートルの砂が投入された。空港はその後も拡張をつづけている。工業用地の不足がふたたび問題になり、南西部の7つの小島を埋め立ててひとつに合併してジュロン島を造成した。

2008年までに、シンガポールは世界のトップ3の石油取引および精製のハブに成長した。石油産業は巨大な用地が必要であり、シンガポールの石油施設はほぼすべてがジュロン島に集中している。

この国土拡張には膨大な量の砂が投入され、チャンギ空港が完成した1980年代初期には国内産の砂をほぼ使い果たして大規模な砂の輸入に転じた。国連環境計画（UNEP）は、「シンガポールは過去20年間、5億1700万トンの砂を輸入し、年間8億2300万ドルを支払ってきた世界で最大の砂の輸入国である」と報告書で述べている。

シンガポールの国土拡張には、東南アジアからの砂の輸入が欠かせなかった。シンガポールは周辺国から出稼ぎ労働者を集め、同時に資源もかき集めた。リー・クアンユーはかつてこんな演説をしたことがある。

「この国の発展には砂と労働力を近隣国から集めるのが必須の条件だ」

だが、シンガポールの集中的な砂の輸入は、近隣国の強い反発を招くことになった。貪欲《どんよく》な砂の輸入のツケが回ってきた。インドネシア、マレーシア、ベトナムなど砂を輸出してきた国の政府は、次々にシンガポールへの砂の輸出を制限または禁止した。とくに輸出量の多かったインドネシアが輸出規制に踏み切ったことは、シンガポールに衝撃を与えた。

シンガポールの砂の輸入を見ていると、1970〜80年代に東南アジアから熱帯材を大量輸入した日本を思わせる。ある国の森を伐《き》り尽くしては別の国に移動し、そこで大量に伐採するとまた別の国に移る。「伐り逃げ」と国際的な批判を浴びた。同じようにシンガポールも次々と輸出国を乗り換えて「掘り逃げ」を繰り返してきた。

だが、近隣国が一斉に砂の禁輸に踏み切ったことによって、シンガポールの輸入量は2018年下半期以降大きく減少した。2018年の砂の輸入額は5月までは、月平均で約6300万米ドルだったが、6月以降は約600万米ドルまで急減した。

西部のトゥアスでは、世界で最大級のコンテナ・ターミナルとなる巨大港の建設が進んでいる。現在国内5ヵ所に分散しているコンテナ・ターミナルを、トゥアス港に集約するのが目的だ。段階的に拡張して2040年の完成を目指している。

埋め立てによるターミナルの造成面積は387ヘクタール（サッカー場540面）。岸壁の総延長は8・6キロになる。2021年に完工予定の第1期工事だけで、8800万立方メートルの土砂が使われる。この砂をどう確保するのか。それでなくても、シンガポールの埋め立ては水深の深い海域におよんできて、面積あたりの砂の投入量が大幅に増加しているといわれる。

各国の禁輸に対抗するため、シンガポールは砂の国家備蓄をしている。砂を石油なみの戦略的資源と考えていることがわかる。

禁輸に踏み切った3カ国

シンガポールへの砂の輸出を禁止した3カ国の内情を見てみよう。

○インドネシア

インドネシア政府は2007年、環境悪化につながるとしてシンガポールへの砂の輸出を禁止する決定を発表した。当時、年間約600万～800万トンの砂を埋め立てに使っていたシンガポールは、その9割までをインドネシアからの輸入に頼っていた。

インドネシアの禁輸で、1トンあたりの砂の価格は25シンガポールドル（約16・4ドル）から60シンガポールドルに跳ね上がった。コンクリートの価格も3倍近くに高騰した。シンガポールでは20を超える日本企業が、2つの大型カジノ・リゾート、オフィスビル、高層住宅などの建設プロジェクトに関わっていたが、こちらも大きな打撃を被った。

しかし、シンガポール政府は砂の備蓄を放出してしのいだ。さらに、政府は公共プロジェクトで使われる砂の価格上昇分の75%を負担し、民間部門にも同様の措置を求めた。代替骨材を増やすとともに砂への依存度を減らし、他の地域からの輸入を増やして対応した。

インドネシアはその4年前の2003年、シンガポールに対して海砂を輸出することを禁止していた。インドネシア海軍は2002年、シンガポール海峡のインドネシア側のドリアン海峡、カリムン島沖、ビンタン島沖で海砂を採掘していたインドネシア船籍の浚渫船と輸送用のタグボート計7隻を相次いで拿捕《だほ》した。

これらの船はインドネシアで海砂を採掘して、シンガポールのチャンギ空港、ジュロンの人工島、トゥアス港の埋め立て工事現場へ搬送する途中だった。拘束理由は、書類の不備・不携帯、指定地外での採掘、採掘量の過少申告、環境破壊などだったが、本音はシンガポールに対する牽制《けんせい》だった。拿捕された船舶はビンタン島にある地方裁判所で審理され、1隻あたり5000万ルピア（約40万円）の罰金がいいわたされた。

しかし、自然保護団体のグリーンピース・インドネシアは、「取り締まりの強化にもかかわらず密輸業者は従来通りにシンガポールに輸出しており、税関や海軍に捕まるのは一部にすぎない」と主張している。

とくに狙われているのが、インドネシアの西カリマンタンとシンガポールの中間に位置するリアウ諸島だ。シンガポールからわずか20キロほどしか離れていないため、密輸業者の絶好の標的になった。狙われた島は、砂を根こそぎ持ち去られて景観が大きく変わってしまった。

付近には大小83の島があり、無人島が多くて監視の目が行き届かない。筆者がたまたまインドネシアに滞在していた2020年3月6日の深夜、リアウ諸島地域警察が島のひとつでトラックで砂を運び出そうとしていた20人を逮捕したというニュースが報じられた。パワーシャベルやトラックを持ち込んだ大がかりな集団で、コックまで連れていた。リアウ諸島では採掘によって海が汚染され、漁民は通常の漁獲量の8割を失って苦境に立たされているという。

インドネシア側には、他国の砂で自国の領土を拡大しているシンガポールへの反感や、密輸の横行が政治腐敗を招いているとする反発が強い。禁輸の背景には政治的な対立も横たわっている。インドネシア側は、汚職に関与した犯人がシンガポールに逃亡していることから、犯罪者引き渡し協定の締結を求めていた。結局、両国は2007年に殺人、傷害、汚職など両国の法律で禁錮《きんこ》2年以上に相当する罪を対象として協定に調印した。

シンガポール、マレーシア、インドネシアの3国の島々が点在するシンガポール海峡東部は、植民地時代に引かれた複雑な領海線で分断され、独立以来、島の領有権や領海をめぐって争ってきた。争点の3ヵ所のうち2ヵ所は2009年までに解決したが、シンガポール海峡東部では未確定だった。2年間の協議の末、14年にシンガポールとインドネシアが最終的に合意した。

○カンボジア

カンボジアは近年、砂の輸出量がもっとも急速に増加した新興の砂輸出国だ。だが、採掘が沿岸の生態系に深刻な影響をおよぼしているとして、２０１６年末に一時的な砂輸出禁止を決定した。さらに、約50の市民団体が政府に働きかけ、改めて17年に砂の輸出は恒久的に禁止された。

国連統計によると、インドネシアが禁輸に踏み切った２００７年から17年まで、シンガポールは他のどの国よりもカンボジアから多くの砂を輸入した。シンガポール政府の輸入統計によると、この間には８０００万トンもの砂をカンボジアから輸入したことになっているが、カンボジア側の輸出統計では、その４％以下の量しか輸出したことになっていない。

両者の主張がこれだけ大きく食い違っているのは、そもそも正確な統計がないためだが、実態を隠すためにベトナムを経由した迂回《うかい》輸出やヤミ取引が横行したという指摘もある。

カンボジアの砂採掘の環境影響を調査しているカナダ・オタワ大学の研究者グループによると、沿岸の砂の消失、沿岸侵食、マングローブ湿地の破壊、そして地元の漁業への損害を引き起こしている。とくに、集中的に砂が採掘された南西端のココン州では、漁獲量が半減し漁民が大打撃を被って漁村が崩壊した地域もあるという。

砂の採掘に雇われているのは零細漁民が多い。当局の警備の緩む夜間に浚渫船に乗り込んで砂を採掘する。そのために漁場が荒れて魚やエビ・カニの漁獲量が激減して生活に困り、収入の道を閉ざされた漁民が砂の違法採掘で働くという悪循環だ。

調査グループのひとり、同大学国際開発学部のローラ・シェーンバーガーは、こう指摘する。

「豊かな国は貧しい国から天然資源である砂を買い取り、国土を拡大しあるいは都市を上空へと延ばしていく。これは重大な『社会正義の問題』である。砂は人間のタイムスケール内では再生可能な資源ではないからだ」

ロンドンとワシントンに本部を置く国際NGOのグローバル・ウイットネスは、世界中の天然資源の搾取、紛争、貧困、腐敗、人権侵害を監視し、世界の海岸からすでに、70%近い砂が姿を消しているという警告を発している。とくに、カンボジアからの砂の密輸出の状況を、「砂の移動」と題する詳細な報告書にまとめた。そのなかでこう述べている。

「過去10年間にカンボジアが輸出した砂の量は、政府の許可量を大きく超えた違法なものだ。カンボジアの砂資源が急速に失われているのはカンボジア政府の高官が関与しているためではないか」

○マレーシア

2018年の選挙で首相の座に返り咲いたマレーシアのモハマド・マハティール首相は、

就任5ヵ月後にはすべての砂の輸出を禁止した。95歳の首相は7期で計24年間、異例の長期政権をつづけてきたが20年に辞任した。

07年にインドネシアがシンガポールへの砂の輸出を禁止した後、マレーシアからシンガポールへの違法な輸出が増えた。マハティール首相はこれまでも、自国の砂が他国の国土拡張に使われていることに不快感を表明し、マレーシアの政府関係者が違法取引に関わっているとする批判に神経を尖《とが》らせていた。

マレーシアは国が半島部の本土とボルネオ島に分かれているので、島から本土への砂の輸送の許可を得て、途中で隣国のシンガポールに偽造された書類で砂を降ろすことが行われていた。

ついに、マレーシアは2018年に砂の輸出を全面的に禁止した。もともと両国は、同じイギリスのマラヤ植民地だったが、シンガポールはマレーシアから「追放されて」独立した経緯がある。これまでも、領海線やマレーシアからの水の供給をめぐって関係が悪化してきた。シンガポールは必要な水の約6割をマレーシアから買っており、その量や価格が両国間で折り合わなかったのが原因だ。

砂の輸入を監督するシンガポールの国家開発省は、マレーシアによる禁止に関してコメントはしなかったが、砂の輸入源は複数あって確保の心配はしていないと述べた。

メコンデルタの危機

東南アジアの「豊穣《ほうじょう》の川」メコン川がくたびれ果てている。メコン川の源流はチベット高原。そこから、中国の雲南《うんなん》省、ミャンマー・ラオス国境、タイ・ラオス国境、カンボジアとベトナムを通り、約4100キロの旅を終えて南シナ海にそそぐ（図4－2）。6カ国を通過するアジア最大の国際河川である。

砂の乱掘、相次ぐ上流のダム建設、水上交通路を広げる浚渫事業、人口増加に伴う川岸の住宅やインフラ建設の増加などが行われた。この結果、川の侵食が激しくなり、東南アジアきっての豊かな川の自然がずたずたにされている。

メコン川下流とその支流域は、生物多様性のホットスポットに指定されている。これは、生物多様性が高いにもかかわらず、破壊の危機に瀕《ひん》している地域のことだ。国際自然保護団体のコンサベーション・インターナショナルが中心になって、その保護を訴えている。指定地は日本列島を含めて世界で36ヵ所におよぶ。

メコン川は淡水域では世界最大の漁場で、アマゾン川に次いで生物多様性が豊かだ。世界自然保護基金（WWF）によると、メコン川流域で発見されている生物種は、哺乳《ほにゅう》類が430種、両生・爬虫《はちゅう》類が800種、鳥類が1200種、魚類が1100種、そして植物は

2万種に上る。メコン川流域では、毎年のように多くの新種が発見されている。過去10年間だけで、植物、爬虫類、哺乳類、鳥類など1000種以上の新種が発見された。

ベトナム南部では網の目のように支流や水路が走り、広大なメコンデルタを形成している。

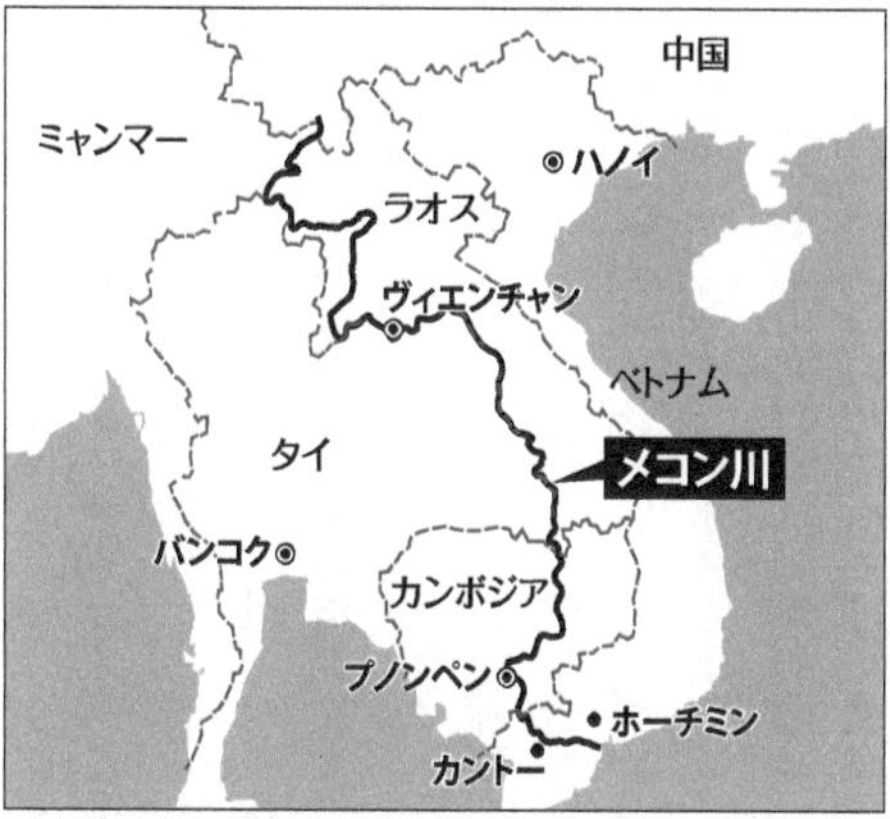

図4-2　周辺国から狙われるアジア最大のメコン川

メコン川流域に住む約6000万人のうち、デルタには約2150万人（2019年）の人びとが生活している。支流や水路に囲まれた村々では農業と漁業が主たる生業だ。

デルタを縦横に走る支流は、昔から重要な交通路であり交易路だった。メコン川の各地で水上マーケットがにぎわう。魚、野菜、果物、日用品、みやげ物などを満載した手こぎの舟が集まっている。最近は海外からの観光客も多い。

メコン川は上流の山岳地帯からデルタに、肥《ひ》沃《よく》な土砂を運び込んできた。地球上でもっとも農業生産性の高い地域といわれる。

ベトナムでは、19世紀のフランス植民地時代に輸出米の生産拡大が図られ、1920年代までは輸出額の6〜7割をコメが占めてきた。近年、農業技術がめざましい発展をとげ、年に3回作付けする「三期作」も普及している。コメの生産量も消費量も世界で5番目だ。半分近くは国内で消費され、残りは輸出に回される。

しかし、東南アジアの経済発展とともに都市やインフラが拡大し、流域の国々がこぞって大量の砂を採掘するようになった。WWFは、奪われる砂はデルタだけで年間5000万トン近くにおよぶと推定する。上流から運ばれてくる量以上に砂が採掘され、さらに途中でダムに堰き止められて補充が間に合わない。川の荒廃が目立つようになってきた。

WWFの「メコン川保全プログラム」研究員のマルク・ゴワショは、約20年間ベトナム、カンボジア、タイ、ラオスで政策アドバイザーとして働いてきた。彼は「このペースだと、今世紀の終わりには約4万平方キロのデルタの半分近くが消えてしまう」と警告する。

メコン川沿いの町や村では、浚渫によって土手が侵食されて崩れ落ち、農地、養殖池、家屋が水浸しになっている。さらに環境悪化や洪水などの自然災害によって、年によっては2000ヘクタールもの水田が失われる。農業や漁業がつづけられなくなり、最近の10年間で約170万人がデルタを離れて都市へ移動した。

公表された数字では、ベトナムは世界で15位（2018年）の砂の輸出国だ。だが、現実には採掘の多くが野放し状態だ。政府は砂の採掘は河川の浚渫目的に限定して、2008年には認可された採掘地以外で採掘を禁止、その翌年に輸出も禁止した。だが、正式に認可された量では需要の6割しか満たせない。禁止によって砂の価格が高騰、かえって違法採掘をうながす結果になった。砂のヤミ市場は活況を呈している。

砂の需要は急増しており、2015年の9200万立方メートルから2020年には1億3000万立方メートルに増えると、業界は予測している。ベトナム国内の全埋蔵量は23億立方メートルほどしかなく、あと十数年で枯渇することは政府も認めている。

採掘業者は通常、監視のない夜間に砂を採掘する。川底から砂を採掘し近くの川岸に積み上げる。そこに業者がトラックで引き取りにくる。違法だが報酬は多い。労働者の平均的な月収は270ドルほどだが、違法採掘では700ドルから1000ドルを稼ぐことができるという。

2017年に2人のジャーナリストが違法採掘の組織に潜入して、大量の砂がシンガポールに密輸されている事実を暴き出した。シンガポールの企業に雇われた5隻のベトナム船が、シンガポールのチャンギ空港の隣接地域に砂を密かに運んでいた。

ベトナム政府は取り締まりの強化に乗り出し、警察は2016年だけで全国で3000人近くを検挙した。ハノイ近郊のバクニン省では、省人民委員会会長を脅迫して砂採掘の許可を脅し取ったとして、建設会社のオーナーらが逮捕されている。

メコンデルタのロンアン省出身のチュオン・ホア・ビン副首相は２０１７年に「砂の違法採掘が各地でつづき、地方政府の担当者が採掘業者から賄賂をもらって手加減している」事実を国会答弁で認めた。

２０１７年には、漁獲量が急減しているのにもかかわらず公的機関が何の手も打たないことに不満を抱いたベトナム人漁師たちが、採掘業者を襲って2人に重傷を負わせる事件が起きた。その後も村人と業者の小競り合いがつづいている。

中国のダム建設

２０１９年11月、メコン川は過去１００年で最低レベルという水位の異常な低下に見舞われた。「メコン川委員会」（ＭＲＣ）の調査によると、13カ所の観測所で測定した水位は、平年の4分の1から2分の1にまで下がっていた。ＭＲＣは、メコン川流域のタイ、ラオス、カンボジア、ベトナムの4カ国で組織するメコン川の保全と開発のための国際機関である。

ＭＲＣはこのメコン川の記録的な水位低下の原因として、上流のダムの存在に言及した。

メコン川は長年、ダム開発の好適地としても注目されてきた。１９６０年代にはアメリカが下流部に発電ダムをつくり、この地域の経済を発展させて共産主義勢力に対抗させようと目《もく》論《ろ》んだ。だが、計画が足踏みしているうちにベトナム戦争がはじまった。

１９９０年代に入って中国が本格的にメコン川流域の開発に乗り出し、１９９３～２０１７年に上流の中国領内に７ヵ所のダムを完成させた。さらに青海省《せいかい》、雲南省《うんなん》などで現在11のダムが操業中で、14基が建設中とされる。加えて、ラオス政府は中国からの債務への重圧に屈して、メコン川とその支流に１４０を超えるダムの建設を承認した。電気は、広東省など中国国内の電力の不足地域に送られ、タイなどにも売電されている。

ＭＲＣは上流のダムが川を堰き止めたことで、下流の被害が深刻になったと指摘した。東南アジアや欧米などのメディアは、今回の異常な水位の低下は、中国が上流に建設したダムによるものだと報じた。

アメリカの調査コンサルティング会社「アイズ・オン・アース社」が人工衛星などで調べたところ、メコン川の水量の半分を中国はダムで堰き止めていた。これが下流の水不足を引き起こし、何百万もの人びとを苦しめることになった。

在タイ中国大使館は、こうした報道を「読者に誤解させる根拠なき非難」とする声明を発表した。しかし、２０１９年８月にバンコクで開かれた東南アジア諸国連合（ＡＳＥＡＮ）の会合に出席したアメリカのポンペオ国務長官は、「水位低下は中国によるダム建設と関連しており、川を管理する新たなルールが必要だ」と発言した。

雨季にはダムの貯水量調整のために放流することが多く、それが下流に洪水被害をおよぼしてきた。2017年4月、ベトナムのアンザン省で自然堤防が約800メートルにわたって崩れ、民家や道路の一部が流された。砂の採掘で堤防がもろくなっていたことも被害を大きくした。2019年7月には、メコン川上流の中国雲南省にある景洪《けいこう》ダムの放流で洪水が発生、流域住民の200家族以上が田畑や家屋に被害を受けた。

それまでにも、ダムの放流によって川沿いの集落では川岸が崩壊し、田畑や養殖池、民家や店舗が水中に没する事故がたびたび発生している。ここ数年で数十平方キロの水田が洪水で失われ、少なくとも1200世帯が移住を余儀なくされた。政府は、今後デルタ地域から移動が必要な人口は約50万人に上るとみている。

下流各国の政府関係者、環境保護団体、漁民団体、それにMRCなどは、ダム放流の事前通告やこれ以上ダムを増やさないように、繰り返し中国側に求めてきた。さらに、中国政府に対して農民や漁民への被害補償を求めているが、中国側は拒絶してきた。

MRCのクリスチャンセン事務局長は、「もし水量が減れば、下流の千数百万人に重要な食料を供給している漁業や農業に影響をおよぼす可能性がある」と述べ、中国が下流国と積極的な対話を行う必要性を訴えた。

そうしたなか、中国は2020年1月の干ばつの最中に「メコン川の水位低下が周辺に与える影響を考慮した結果、近くダムからの放流を増量する」と突然通告してきた。いずれにしてもメコン川とその周辺住民の生活は、中国側のダムの貯水と放流に大きく左右される事態になった。

ワシントンのシンクタンク「スティムソン・センター」で東南アジアプログラムのディレクターを務めるブライアン・エイラーはこう警告する。「中国はメコン川の水量を思うままに操ることで、下流域の貧しい国々の経済の生命線を握っている」

２０１８年に「メコン川の持続的開発」について調査報告書を発表したＭＲＣは「２０４０年までに流域に計画中の１００を超えるダムが完成すれば、肥沃なデルタ地帯は栄養分豊かな土壌の供給が97％も断たれて、農業や環境に大きな影響が出る」と警告した。

すでに、ダムの放流のたびに川の水位も流速も急激に変わり、生息環境が破壊されて生物多様性が失われるとともに、漁獲量の激減で人口増加が著しいベトナムやカンボジアの蛋白源をどう確保するかが、差し迫った課題になっている。

第五章

白砂青松はどうしてできたのか

砂と日本人

海と砂浜に囲まれた日本では、「白砂青松《はくしゃせいしょう》」といわれるような独特の美しい景観が形づくられ、砂浜は文化、歴史、風土の骨格にもなってきた。今日でも砂浜は人と海が触れ合う場であり、砂浜の背後に住む人びとの人命や財産を津波から守るという重要な役割を担っている。

だが、江戸時代以降、砂浜に開発の手がおよぶと農地や塩田、港湾の造成によって徐々に姿を消しはじめた。とくに、昭和時代の高度経済成長期以後は、膨張する都市や工場用地などのために徹底的に埋め立てられた。これに拍車をかけるように、ダムや砂防堰堤《さぼうえんてい》の建設によって山地から河川が運ぶ土砂が急減して砂浜はやせ細っている。

砂浜の消滅とともに、「海離れ」も進んできた。私たちは砂とどうかかわってきたのだろか。この章ではそれを振り返ってみたい。

砂には誰もがなつかしい思い出があるに違いない。公園や保育園のお砂場、海水浴のときの火傷しそうな熱い砂、潮が満ちてきて崩れた砂のお城、夢中で砂を掘った潮干がり……。「灼《や》け砂」「砂日傘」(ビーチパラソル)は、夏の季語にもなっている。

日本人の感性の奥底には、「砂」に対するさまざまな思いが横たわっている。すぐに思い起こされるのは石川啄木《いしかわたくぼく》の歌集『一握《いちあく》の砂』だろう。故郷・岩手への望郷、貧困と挫折、鬱《うつ》屈《くっ》した心情などは、多くの人の心を捉《とら》えてきた。歌集に収録された歌には、はかなさの象徴として「砂」が登場し、失意、悔恨、悲憤、病魔、恋愛、自死願望……とさまざまな心象風景が語られる。

東海の小島の磯の白砂に／われ泣《な》きぬれて／蟹《カニ》とたはむる
砂山の砂に腹這《はらば》ひ／初恋の／いたみを遠くおもひ出づる日
いのちなき砂のかなしさよ／さらさらと／握《にぎ》れば指のあひだより落つ
ひと夜《よ》さに嵐《あらし》来たりて築きたる／この砂山は／何の墓ぞも

宮沢賢治《みやざわけんじ》の『銀河鉄道の夜』は、孤独な少年ジョバンニが友人のカムパネルラと銀河鉄道に乗って宇宙を旅する物語だ。独特な世界観に満ちたこの童話によって、異次元の世界へと導かれた人も多いだろう。繰り返し映画化・アニメ化、演劇化されてきた。

地質学に造詣《ぞうけい》の深かった彼の作品には、砂、岩石、化石、砂漠、地層といった言葉がよく登場する。これは銀河鉄道が旅の途中で河原に降り立ったときの光景だ。

そしてまもなく、あの汽車から見えたきれいな河原に来ました。カムパネルラは、そ

のきれいな砂を一つまみ、掌《てのひら》にひろげ、指できしきしさせながら、夢のように云《い》ってい
るのでした。
この砂はみんな水晶だ。中で小さな火が燃《も》えている（中略）。河原の礫《こいし》は、みんなす
きとおって、たしかに水晶や黄玉《トパーズ》や、またくしゃくしゃの皺曲《しゅうきょく》をあらわしたのや、また
稜《かど》から霧のような青白い光を出す鋼玉《コランダム》やらでした。

つまり、白い砂浜に松林が連なる浜辺の景色は、日本人の心に深く刻み込まれた原風景なのだろう。万葉集には松を詠んだ歌が76首収められている。おとぎ話の「浦島太郎」や「羽衣伝説」などの舞台は、いずれも白砂青松の海岸だ。

各地に残る「羽衣伝説」のなかでも、静岡市の「三保の松原」が有名だ。古いものは奈良時代に編纂《へんさん》された『風土記』に登場する。だが、当時は海岸のすぐ近くにまで森林が迫り、砂浜は少なく、あっても岸にへばりついた狭いものだった。

だが、江戸時代の中期になると、砂浜は万葉集やおとぎ話に登場する景色とはまったく違った姿に変わった。縄文時代後期の稲作の開始によって集落が成立したころから、薪炭林《しんたんりん》の伐採や開墾によって集落周辺や沖積平野から少しずつ森林が後退していった。

しだいにその規模が大きくなって、江戸時代に入って、水利のよい山麓《さんろく》の平坦地《へいたん》や小さな

谷間を堰《せ》き止め、さらに河川の中流域の扇状地や河岸段丘などに水田が広がっていった。この背景には人口の急増があった。

歴史人口学者の速水融《はやみあきら》は、江戸初期の人口を１２００万人前後とみている。つまり、現在の約10分の１である。その後人口の急増期を迎え、享保《きょうほう》時代（１７１６〜36年）には３０００万人に達したと推定する。江戸の人口は、このころには１００万人を超えて世界一になった可能性が高い。人口増加とともにコメの需要が高まった。

このころには、織田信長《おだのぶなが》、豊臣秀吉《とよとみひでよし》よる全国統一、徳川家康《とくがわいえやす》の江戸開府から１００年が過ぎ、戦いがなくなって幕藩体制と呼ばれる近世封建制度が確立して社会が安定してきた。同時に、兵農分離が進んで農民階級の身分が固定され、農業に集中できるようになったことから生産性が上がった。

それを反映して人口も増加に転じてコメの需要が高まってきた。17世紀半ばから18世紀はじめにかけて、幕府や大名は耕地の拡大、つまり新田開発に力を入れるようになった。耕地の拡大は、地代率を引き上げることなく年貢収入を増大させる方策として、全国的に推進された。

土木技術の発達

戦国期末から近世初期にかけて、用水土木、鉱山、築城、道路建設などの技術が大きく発達し、用水路が開削・整備・拡充されるとともに大河川の改修の取り組みが本格的にはじまった。この土木技術が新田開発で威力を発揮した。中小の溜池《ためいけ》を水路でつなぐ溜池網がつくられ、堅固な堤が築かれるようになった。

河川の上流部で取水して、用水路を通じて水の不足地帯に長距離運ぶことが可能になった。それまで水利の困難さから開発の手がおよばなかった洪積台地や扇状地などの未墾地も、用水路の整備によって開田できるようになった。潟や湖沼や低湿地も盛んに埋め立てられた。

水田が拡大の一途をたどりコメの生産量も安定した。

武田信玄《たけだしんげん》、加藤清正《かとうきよまさ》といった戦国大名や、熊澤蕃山《くまざわばんざん》、野中兼山《のなかけんざん》といった藩政の改革者がこうした技術をいち早く取り入れて、最大の関心事であったコメの安定的多収の政策を進めた。なかでも武田信玄が構築したとされる「信玄堤」は現在でも機能し、2019年の台風19号で山梨県の被害が軽微だったのはこの堤のおかげと称《たた》えられた。さまざまな工夫をこらして水の勢いを削《そ》ぎ、甲府《こうふ》盆地の洪水を防いだ画期的な発想といわれる。

多額の開発費が必要だったが、幕府や藩の直轄事業以外にも、領主の支援を受けた土豪や富農ら、さらには藩士、村人、町人が資金や労働力を提供する形で進められていった。この結果、土地台帳である「慶長《けいちょう》三年大名帳」などによると、開府前後の1600年ころに約163万町歩（約163万ヘクタール）だった全国の耕地面積が、1720年の享保時代には1・8倍の約297万町歩にまで拡大した。

17～18世紀の新田開発の結果、江戸初期に全国で1800万石だった石高は、中期には2500万石、後期には3000万石と急増して、開発が遅れていた東北、関東、中国、九州などでもコメの収穫量が大きく伸びた。新田開発は「江戸時代の日本改造計画」でもあった。

生産されたコメは整備された街道や海路によって江戸や大阪に運ばれて、経済の発達に貢献した。今日の農村や水田の配置は、北海道を除いてこの時代に原型ができあがった。各地の地名にある「〇〇新田」はこのときの名残のものが多い。開発者の名を冠した新田も少なくない。

たとえば、現在の静岡県沼津《ぬまづ》市に、「助兵衛新田《すけべえしんでん》」という地名があった。鈴木助兵衛によって新田が開かれたことに因《ちな》んで名づけられたが、明治時代末に「風紀上好ましくない」ということで、桃の産地だったことから桃里《ももざと》と改められた。市内の浅間愛鷹《あさまあしたか》神社には、助兵衛の功績をたたえた石碑が建てられている。

しかし江戸時代も開幕100年を過ぎるあたりから、農業生産力の伸びが頭打ちになってきた。開墾できる土地が少なくなった。その後130年間にわたって、つまり明治維新まで人口はほぼ横ばいをつづけた。この間に、享保・天明《てんめい》・天保《てんぽう》の三大飢饉《ききん》をはじめ大小の飢饉があった。

森林消失が生み出す砂

樹木には、根を張りめぐらすことによって土壌を縛り付ける「緊縛《きんばく》効果」があり、これが地表の土砂が流れ出すのを防いでいる。地面に雨が降ると、地表面をうがつ「雨滴《うてき》衝撃」によって表土が洗い流されてしまう。林床（森林の地表面）では、低木や下草や落葉によって地表が覆われているので、それらにより雨滴衝撃が和らげられ、同時に雨水を一時的に貯《たくわ》えることで川へ流れ出す量を制御する。

ところが、森林が伐採されて農地や裸地に変わった場所では、こうした緊縛効果が失われて河川への土砂の流入量が増えていく。農業環境技術研究所の調査では、流出する土砂の量は、森林では1ヘクタールあたり年間0・18トンだが、農地では1・48トン、裸地では8・71トン、荒廃地では30・69トンにもなる。つまり、地表を覆っている樹木がはぎ取られて農地になると流出土砂は8倍以上に、裸地になると48倍以上も増える。

森林消失による土壌侵食に急流が川底や谷壁を削った土砂が加わって、海岸にまで土砂が運ばれて形成されたのが砂浜だ。海底に堆積《たいせき》した土砂は沿岸流と波の働きによって岸へ打ち上げられて砂浜に加わる。

新田ブームによって、各地の砂浜は目に見えて広がってきた。この砂は、花崗岩《かこうがん》の山で侵食や崩壊が進んで河川によって運び出されてきたもので、海岸に美しい白砂をつくり上げる。だが、内陸の山々が荒れていることの証《あかし》である。

とくに風の強い日本海側では、砂浜から吹き寄せられた砂が砂丘をつくった。沿岸には、「能代《のしろ》砂丘」（秋田県）、「庄内《しょうない》砂丘」（山形県）、内灘《うちなだ》砂丘（石川県）、鳥取砂丘（鳥取県）、玄海《げんかい》砂丘（福岡県）などが連なっている。

砂粒は軽いので海から吹く強風によって巻き上げられて飛砂《ひさ》となる。飛砂は、集落、田畑に降りそそぎ、大きな被害をもたらす。開墾地の拡大とともに、増えた土砂によって飛砂の被害が広がってきた。

土砂は、河川に堆積すれば豪雨時に押し流されて土石流や洪水を引き起こす。江戸中期以降、新たに開発された耕地では全国的に洪水の被害が目立ってきた。日本海側では津軽《つがる》・庄内・新潟、東日本では北上川《きたかみがわ》下流部の仙北《せんぼく》平野、利根川下流部の低湿地帯、さらに西日本では淀川下流部、大和川、木曾川《きそがわ》下流の輪中地帯で被害が大きく、新しい開田はもとより、すでに開発された水田の維持も困難となった。

飛砂や洪水による被害が深刻化するのにつれて、新田開発にブレーキがかかった。領主らも、新田開発からすでに開発された田畑を効率的に利用する「本田畑中心主義」へと転換していった。抜本的な治水対策が要求された。治水事業は西日本において盛んに行われた。その転機となったのが、幕府の場合は寛文《かんぶん》6年（1666）2月2日の「諸国山川掟《おきて》」である。これは下流域の治水を目的に、上流域の森林の開発を制限する掟だ。この掟は3ヵ条と付則1条からなり、草木の根の掘り取り禁止、水源の荒廃地の植林、河川敷の耕作禁止、焼き畑の禁止、などが定められている。これによって乱開発はある程度抑制され、自然環境の安定の兆しが見えてきた。

燃料材が森を奪った

開墾とは別に、薪炭を大量に消費する製塩や製鉄でも森林が伐採された。塩は通常、塩田などで濃縮した海水を釜《かま》で煮つめて塩を結晶化することでつくられた。渥美《あつみ》半島など各地に残る製塩遺跡を調べると、加熱には膨大な燃料が必要で、付近の薪《まき》を伐り尽くすと新たな土地に移動していったことがわかる。

燃料の薪の供給源になる里山は「塩山」「塩木山」と呼ばれ、その確保は製塩業にとって死活問題だった。製塩業の栄えた地方では塩山をめぐる争いが絶えなかった。弥生時代に製塩がはじまったとされる赤穂《あこう》（現・兵庫県赤穂市）では、17世紀に塩山の権利をめぐって2つの村が100年以上争った記録が残されている。

製鉄も森林消失の元凶になった。日本刀で有名な玉鋼《たまはがね》はタタラ製鉄法でつくられた。原料となる砂鉄は山を切り崩して採掘した。近世初期に鉄の需要が増え炉の改良が進んだことから、「鉄穴流し《かんなながし》」と呼ばれる製法が普及した。これは鉄分を含む土砂を傾斜のある水路に流し込んで、比重の重い鉄分だけをより分ける比重選鉱法だ。

精錬は炉床を深く掘り下げて、粘土でつくった窯《かま》のタタラ炉を設置する。砂鉄と木炭を交互に炉にくべて、吹子《ふいご》で風を送り込んで高温を保つ。

不眠不休で炉に薪をくべ風を送りつづけて3昼夜、約70時間におよぶ苛酷《かこく》な労働の果てにやっと砂鉄が溶け出して鉄の塊となる。歌舞伎や芝居の「タタラを踏む」という空足の動作は、タタラ製鉄のときに吹子を脚で踏む動作とよく似ているためにこう呼ばれた。

司馬遼太郎《しばりょうたろう》は、古代の製鉄をめぐる話題を数多く書き残している。司馬遼太郎『街道をゆく7－大和・壺坂みちほか』では、製鉄には膨大な木炭を消費するため、鉄製品の普及は自らの首を絞めるほど環境を破壊してしまったと次のように述べている。

「東アジアの製鉄は、ヨーロッパが古代から鉱石によるものだったのに対し、主として砂鉄だった。砂鉄は、花崗岩や石英粗面岩のあるところならどこにでもある。問題はとかす木炭である。古代に比べて熱効率のいい江戸期の製鉄法でも砂鉄から千二百貫（約4・5トン）の鉄を得るのに、四千貫（約15トン）の木炭をつかったという。四千貫の木炭というと、ひと山を丸裸にするまで木を伐らねばならない」

この15トンの木炭をつくるには、1800～3000ヘクタールの森林が必要だった。これが鉄の産地にハゲ山をつくり出した。

しかも、砂鉄は採掘段階から自然破壊をもたらした。タタラ製鉄の研究者、貞方昇《さだかたのぼる》によると、中国山地の鉄穴流し跡地は、島根、鳥取などに広く分布する。いずれも厚さ数メートルから10メートルほどが掘り崩され、その合計面積は1万9000ヘクタールにおよぶ。

近世初頭になって鉄の大量生産が進むとともに、掘り崩される山地の規模が大きくなり、莫大《ばくだい》な量の廃土が生み出された。河川に廃棄された土砂は、農業用水路を塞《ふさ》ぎ、河床を高め河口を閉塞《へいそく》させてたびたび洪水を引き起こし、水田に流れ込んで稲に害をおよぼした。『古事記』や『日本書紀』に出てくる怪物の八岐大蛇《やまたのおろち》伝説は、この洪水が元になったともいわれるほどだ。

庄内砂丘の飛砂との戦い

森林破壊によってつくり出された砂は河口まで運ばれて砂浜をつくり出したが、砂浜が拡大するにつれて海岸近くの住民を苦しめることになった。

庄内砂丘は山形県の遊佐町《ゆざまち》から酒田《さかた》市や鶴岡《つるおか》市にかけて日本海に沿ってつづく。面積約55平方キロ、長さ35キロ、幅1・5〜3・5キロもある。ほぼ中央には最上川《もがみがわ》が流れ、川北砂丘と川南砂丘とに分断されている。

どこまでもつづく白い砂丘、それに沿ってつづく松原。その上に浮かんで見える鳥海山《ちょうかいさん》の眺めもすばらしい。「日本の夕陽百選」にも選ばれた。鳥取砂丘、南遠《なんえん》大砂丘（静岡県）、吹上浜《ふきあげはま》砂丘（鹿児島県南部）、後述する新潟砂丘とともに、日本を代表する砂丘のひとつだ。

この一帯は、かつてうっそうとした森林に覆われて人が住んでいた。砂丘の下から根株や倒木が発見され、石器や縄文土器の破片が発掘された。しかし、戦国から江戸初期にかけてつづいた戦乱によって森林は荒廃し、製塩用の燃料として乱伐が繰り返されていた。

強風地帯として古くから知られ、最上川峡谷部から庄内平野に吹く風や北西の冬の季節風の通り道だった。海岸周辺の樹木が陸側に傾いて、雪が幹の海向きの面にだけ付着しているのはこのためだ。

強風によって砂丘の砂は飛砂となり、家屋や田畑、道路や河川までもが砂に埋まった。江戸中期ころには飛砂災害が一段と激しくなり田畑が埋まり、河川の下流域では毎年のように洪水が発生し、村人が逃げ出して廃村となった村さえあった。

17世紀に入ると、繰り返し防砂林を植林した記録があるが、成功しなかった。江戸中期の宝永《ほうえい》・享保（1704〜1735）ころになると、藩では民生安定のための植林を開始して、その支援のもとに先覚者たちが砂と闘った。

18世紀はじめには、来生彦左衛門《きすぎひこざえもん》（1659〜1748）、佐藤太郎右衛門《さとうたろうえもん》（1692〜1769）ら砂丘地植林の先駆者が現れた。来生は庄内藩から植林の指導監督者である「植付役」に任命され、90歳で亡くなるまで、約16万本のクロマツやスギの苗木を植林した。佐藤は「我死しても跡にて植付を怠るをあらば子孫絶えるべし」（私が死んだ後も植林を怠れば、子孫は滅びるだろう）という遺言を残し、その子孫たちも何世代にもわたって幕末まで植林をつづけた。植林地は長さ33キロ、面積は25平方キロに達する。この広さを人力と鍬《くわ》でやり遂げた。

森が戻った新屋村

秋田県は、総延長263キロにおよぶ海岸線の約半分が砂浜だった。秋から春にかけては、大陸から吹きつける季節風で砂が巻き上げられ、荒波とともに海岸に叩《たた》きつけるすさまじいものだった。海沿いの集落や田畑や道路ばかりか、家までも埋め尽くした。

とくに新屋村《あらやむら》（現・秋田市）は、開墾とともに製塩の薪集めのために乱伐され、18世紀に

写真5-1　家を埋めた砂。明治時代に秋田県で撮影されたとみられる（出典「緑の遺産　秋田の砂防林」〈秋田県林業コンサルタント〉／あきた森づくり活動サポートセンター）

写真5-2　市民の憩いの場所である「風の松原」（能代市役所提供）

入ると飛砂被害は一段と深刻になった。新屋海岸の砂丘は現在では陸上自衛隊演習場になり、イージスアショアの配備をめぐる混乱で知られるようになった。

秋田藩は海防の重要性を認識して、藩士の栗田定之丞《くりたさだのじょう》（1768〜1827年）を、外国船の警備をする「唐船見御番」に任命した。彼は、海岸一帯を警戒しながら、「一夜にして家一軒を埋める」といわれた飛砂の恐ろしさを肌で感じた（写真5-1）。

その後、藩の「林取立役」（森林監督）と「砂留役」（砂丘対策）を兼任して、防砂林の植林に取り組むようになった。栗田は試行錯誤を重ねながら、まずカヤを束ねた柵《さく》で飛砂の移動を止め、その後方にヤナギやグミを植え、根づいたら松苗を植えるという栗田流の植林法を確立した。

この方法で防風林の植樹に挑み、農民の協力を得て300万株のクロマツの植樹をなしとげた。育った松林は飛砂を防いで家や田畑を守り、薪炭や堆肥や松明《たいまつ》を村人に供給して村に活気がよみがえった。

植林はその後も住民に引き継がれ、今日では長さ14キロの日本最大級の松原には約700万本のクロマツが茂る。「風の松原」と名づけられ「21世紀に残したい日本の自然100選」など6つの自然100選に選ばれた（写真5-2）。

林内にはサイクリングやジョギングのコースが設けられ、市民の憩いの場でもある。

新潟砂丘

日本有数の穀倉地帯である越後《えちご》平野は、信濃川《しなのがわ》と阿賀野川《あがのがわ》の2つの大河川が運んできた土砂が、長い年月をかけて堆積してできた沖積平野だ。季節風によって吹き寄せられた土砂や上流から運ばれてきた火山灰、さらに沿岸流が押し戻した海底の砂によって海岸沿いに砂浜や砂丘が形成された。

これが新潟砂丘だ。新潟市から新発田《しばた》市、胎内《たいない》市を経て村上《むらかみ》市瀬波《せなみ》まで、長さは約70キロ、幅は最大で10キロにおよぶ大砂丘である。筋状に10列にも並ぶ珍しい地形になっている。

一方で、越後平野はこの砂丘とまわりの山々に囲まれた大きな盆地であり、しばしば氾濫《はんらん》を起こした川の水がそのまま残され多くの潟（第三章）が生まれた。「新潟」の地名そのものが、河口に新しく形成された潟湖《せきこ》に因《ちな》むともいわれる。

越後平野の開発は、この砂と水との戦いだった。江戸時代の藩主や明治政府は、大規模な土木工事によって潟から排水して新田を開発した。

海岸では風が吹けば「砂ふぶき」が起きた。ここでも住民たちは家や田畑が砂で埋まる被害に苦しめられてきた。歴代の藩主は、その対策に頭を悩ませていたが、元文《げんぶん》年間（1736～41年）のころ、牛腸金七《ごちょうきんしち》という町役人が考え出した「簀立《すだ》て」の工法が功を奏した。

竹や葦《よし》で編んだ簀立てを砂丘に張りめぐらせて砂の移動を止め、風を弱めることができた。砂丘の後ろ側でグミの木やクロマツを植えて育て、風と砂の勢いを削ぐことで被害を少なくすることができた。１８４３年には奉行に任じられた川村修就《かわむらながたか》が海岸の木を切ることを禁じ、6年間で3万本のマツを植栽した。１８５１年に新潟の海岸全域で砂防林が完成した。育ったクロマツが傾いているのは、それだけ風が強いことを示している。

むろん、砂防林の植栽先覚者以外にも農民の多大な労力の提供があった。庄内や秋田や新潟のように藩の援助があり、船問屋や大商人らからの資金提供があったのは例外で、多くは地元民の奉仕活動だった。砂丘への植栽は膨大な労働力が必要であり、村民が苛酷な労働に駆り出された地域もあった。

全国に広がる海岸林

江戸時代中期以降、海岸のある全国のほとんどの藩で植栽がはじまった。それだけ、飛砂や砂の堆積に伴う災害が広がってきたことを物語る。以来、海岸林の植林や維持は、洪水や虫害などで断絶しながらもつづけられてきた。

たとえば、岩手県陸前高田《りくぜんたかた》市の「高田松原」は江戸時代の１６６7年、防潮や防砂の目的で、高田の豪商、菅野杢之助《かんのもくのすけ》によって植林がはじめられた。その後を引き継いだ仙台藩《せんだい》が住民の協力を得て6200本のクロマツが植えられた。さらに造林がつづけられて7万本にもなり、国の名勝や陸中《りくちゅう》海岸国立公園（現・三陸復興国立公園）に地域指定され、多くの観光客でにぎわった。

しかし、2011年3月の東日本大震災の大津波が真っ向から襲ってきた。17メートルもの巨大な波になぎ倒され、残されたのは「奇跡の一本松」だけだった。それも、枯れてしまい、幹を防腐処理し枝葉を複製したものに付け替えられて、元の場所にふたたび立てられた。今や復興のシンボルである。

津軽藩では、1681年に藩主津軽信政《のぶまさ》の命によって津軽半島の屏風山《びょうぶさん》海岸林の造成がはじまった。前述の新潟県村上市の瀬波海岸でも1620年ごろから地元の大商人による植林が開始され、17世紀末以降は村上藩主も乗り出した。当初はアカマツ林だったが、1970年代にマツクイムシによって壊滅的な被害を受け、近年はボランティアや生徒らによって再植林されている。

島根県の出雲《いずも》藩では1670〜80年ごろから荒木《あらき》浜で植栽がはじまった。佐賀県の唐津《からつ》藩では約400年前に唐津藩主寺沢《てらざわ》志摩守《しまのかみ》広高《ひろたか》が防風・防砂林としてマツの植栽に努め、今日の「虹の松原」の基礎が築かれた。三保の松原（静岡県）、気比《けひ》の松原（福井県）などとともに松原の名勝地として知られる。

太平洋岸側に目を転じると、高知藩・入野《いりの》松原の1627年の植栽、盛岡《もりおか》藩・高田《たかた》海岸の1667年からの植栽、駿河国池新田《するがのくにいけしんでん》の1684年の植栽、島津《しまづ》藩・吹上《ふきあげ》浜で1684年以降の植栽、沖縄・那覇《なは》藩の1734年からの海岸林造成などが藩政時代前期のよく知られた事例である。

現在の海岸林のほとんどが、17世紀以降に植栽されたものといってよいだろう。とくに東北地方や日本海側で熱心に植えられた。日本の松の緑を守る会が1987年に選定した「日本の白砂青松百選」も、この時代に植林のルーツがある海岸が多い。

マツ類は砂地のような劣悪な環境でも生存でき、とくにクロマツは塩害にも強く、先史時代から自然植生として九十九里《くじゅうくり》浜に広く自生していたと思われる。沿岸の植林樹種は圧倒的にクロマツが選択されたのもこの特性のためだ。

にもかかわらず、松林は明治初年の土地官民有区分事業の際には官林（1899年の国有林に名称変更）に囲い込まれ、それを免れた砂丘地でも、維持管理は財政的、技術的に困難になって国有林に採納願を提出する例が多かった。

明治以降になると、これら海岸砂丘林のほとんどがいったんは国有林に編入されたが、旧藩時代の事情や地主の要求によって成立した「国有土地森林原野下戻法」や、「不要存置国有林野の売払処分」によって、町人地主が所有していた砂丘林は民有地に払い下げられた。

1940年当時の日本海側の景観を、中谷宇吉郎《なかやうきちろう》は『真夏の日本海』のエッセイのなかでこう描写した。「子供の頃」というのは、生まれ育った現在の石川県加賀市《かが》あたりの海だろう。

「この十年あまり、海といえば太平洋岸の海しか見ていないのであるが、時々子供の頃毎年親しんだ日本海の夏の海を思い返してみると、非常に美しかったという思い出が浮んでくる」

「日本海の沿岸には一般に砂丘がよく発達している。浪打ち際から真白な砂が数丁も続いて小高い丘になり、その丘を越えたあたりから松林になっているのが普通である。（中略）松林を過ぎると、真白な砂浜が朝の強い日光を受けて目ばゆいばかりに映えていて、その向うに、海が文字通りに紺碧に輝いて見えるのである。夏の日本海の朝の色位美しい海の色はその後見たことがない」

松と日本人

日本人は松に深くかかわってきた。街中を歩けば松はどこにでもある。常緑樹であるために冬でも緑を絶やさず、つねに青々としているその姿が生命力や不老長寿の象徴と考えられた。日本の国樹は桜だが、松はもはや「日本国民の木」といっても誇張ではないだろう。

庭園、公園、校庭、街路樹、神社仏閣の境内。さらに門松や盆栽。浮世絵などの日本画では人気のある題材であり、掛け軸にも松がよろこばれる。能などの舞台背景をはじめ、文学、詩歌、流行歌にも多く登場する。松のつく地名は全国に分布し、松を自治体の樹木に指定しているのは、群馬、島根2県をはじめ約60の市町村におよぶ。

歌では松の長寿や緑が変わらないことを称え、「永遠に『待つ』」の掛詞《かけことば》になる。「小倉百人一首」でなじみのある権中納言定家《ごんちゅうなごんていか》の「来ぬ人をまつほの浦の夕なぎに／焼くや藻塩《もしほ》の身もこがれつつ」は、淡路島の「松帆の浦」で「待つ」を「松」にかけて「来てくれない人に恋焦がれる」気持ちを歌ったものだ。

城にはかならずといっていいほど松が植えられている。樹脂が多くて高い火力があり、刀や農具などをつくる鍛冶や製陶の燃料として、あるいは松明《たいまつ》として必須の素材だった。

また、救荒食《きゅうこうしょく》のためでもあった。羽柴《はしば》（豊臣）秀吉が1581年に鳥取城を包囲した「第二次鳥取城攻め」では、徹底した封鎖作戦で糧道を断った。城内にこもる千数百人の兵はたちまち飢饉状態に陥り、戦死者の肉を奪い合う地獄絵図になった。この戦いは「鳥取の飢え殺し」という別称もある。それでも3ヵ月間籠城《ろうじょう》できたのは、松の樹皮の下にある甘皮から粉がとれ、餅《もち》や団子をつくってしのいだと言い伝えられている。

滑り止めのために野球の投手や体操の選手が使い、弦楽器奏者が弓にまぶす白い粉末は、松ヤニ（ロジン）からつくったものだ。第2次世界大戦末期には、ガソリンの不足から飛行機の燃料用として松根油《しょうこんゆ》で代用燃料をつくろうとしたが、質が悪く実用にはならなかった。そのころ、私は茨城県北部に疎開していたが、町民が駆り出されて大きな松の切り株に幾重にも荒縄をかけて根を引き抜くのを砂浜に座って眺めていた。

マツの仲間は、世界に約100種あり日本には6種が自生する。身近なのは海岸の防風林として植えられたクロマツと海辺から山地にかけて多いアカマツだ。本来、日本ではこの2種のマツは目立たない存在だった。

裸地がいきなり森林になることはない。まず養分がなくても生きていけるコケ・地衣類が入り込んで薄い土壌をつくる。そこにヒメジョオンのような1年生草本が育ち、やがてススキのような多年生草本に代わっていく。そして、強い日照を好み乾燥に強いマツやコナラなどのタネが風や野ネズミなどに運ばれてきて、高木林ができあがっていく。

しかし、マツやコナラは茂ってくるにつれて親の日陰になって子孫が育たなくなり、日照量の少ない環境でも育つブナやタブノキなどに入れ替わってしまう。マツはいわば「中継ぎ投手」である。このように順を追って森林が変化していくのを「遷移《せんい》」といい、最後に到達する安定した森林を「極相林《きょうそうりん》」という。

本来であれば消えゆく運命にある松林が長くつづいているのは、人が管理することで競争相手を排除し、枯れれば新たに植え直しているからだ。だが、近年の過疎化で管理できなくなり、他の樹種との競争に敗れ害虫が発生して松林は衰退している。その経過はマツタケの価格の上昇をみれば一目瞭然《りょうぜん》だ。

17〜18世紀の新田ラッシュのときに自然林が破壊され、そのあとにススキやマツが勢力を伸ばしてきたことが「花粉分析」によって裏づけられる。花粉は丈夫な膜で保護され、開花後地面に落ちても長期間残る。しかも、植物の種類によって形状が異なるので、地層中の花粉を調べることで過去に生育していた種類がほぼわかり、そこから古い時代の生態系や気候変化を推測することができる。

クロマツとアカマツの花粉はよく似ていて、花粉分析から区別することはむずかしい。17〜18世紀の地層に出現したのは、主としてアカマツと思われる。

古代史のナゾのひとつに、「魏志倭人伝」にマツが出てこないことがある。魏志倭人伝は西晋《せいしん》の陳寿《ちんじゅ》(233〜297年)が日本を訪ねた使者の報告を元にまとめたものだ。当時の日本列島の政治事情、倭人《わじん》(日本人)の習俗や地理、旅の途中で目撃したさまざまな動植物についても記録されている。

動植物については、原文の種名が日本のどの種に該当するのか、実在するものなのか、研究者によって解釈はまちまちで不明なものも少なくない。

動物については、動物研究家・作家の實吉達郎《さねよしたつお》はシカ、サル、キジなど19種類としている。トラやヒョウも出てくるので信憑《しんぴょう》性にも問題がある。

植物についても、18種挙げられているがこれも同じ理由で確定できないものが多い。クヌギ、カシ、ウメ、マキなどは確からしい。中国の史書『史記』には、「東方の海上に蓬萊《ほうらい》という仙人が住む霊地があり、そこにはマツが茂っており、その実を食べた仙人は300歳の長寿を保つ」と記されているほど、中国ではなじみの深い樹木だ。にもかかわらず魏《ぎ》の使者は見ていない。

環境史研究者の安田《やすだ》喜憲《よしのり》は「アカマツは大陸からわたってきた外来樹で古墳の造営とともに各地に拡大したと考えられ、魏志倭人伝の時代には分布がかぎられていた」と考えている。一方で、クロマツは海岸林のために大量植栽される以前には、やはり分布は限られていたらしい。

砂浜が消えていく

「白砂青松」の「マツ」の歴史や現状を見たところで、「白砂」の方にも目を向けてみよう。

首都圏に住む人にとっては、白砂といわれて真っ先に思い浮かぶのは千葉県の外房に連なる九十九里浜だろう。この浜辺に友人たちと海水浴に出かけたのは60年以上も前のことだ。松原を抜けると眼前には広大な砂浜が広がり、その向こうに太平洋の大海原がつづく。その上に入道雲が覆い被《かぶ》さっていた。波打ち際まで裸足で走ったときの火傷しそうな砂の感触は、今も足裏に残る。当時は、全国のいたるところに、このような砂浜があった。

「千鳥と遊ぶ智恵子」は高村光太郎《たかむらこうたろう》の詩だ。精神を病んだ妻智恵子《ちえこ》の療養のため、１９３４年に九十九里浜に滞在したときにつづった。

人っ子ひとり居ない九十九里浜の砂浜の砂にすわつて智恵子は遊ぶ。
無数の友だちが智恵子の名をよぶ。ちい、ちい、ちい、ちい、ちい――
砂に小さな趾《あし》あとをつけて千鳥が智恵子に寄つて来る。

今日では読む人も少なくなったが、徳冨蘆花《とくとみろか》の小説に出てくる自然描写にも傾倒した。これは随筆集『新春』（徳富健次郎《けんじろう》の本名で発表）の１節だ。こう叫びながら、徳冨蘆花は１９１７年に九十九里浜へ向かった。

海へ往《い》かう。海、海に限る。それも逗子のやうなやさしい海ではつまらぬ。大洋へ往

写真5-3　海岸を埋める波消しブロック（PIXTA）

かう。荒海へ往かう。九十九里、さうだ、九十九里へ往かう。（中略）日本海方面にも、太平洋方面にも、随分長い砂濱はありますが、上総《かずさ》の九十九里位美しい濱はありません。

と、ここまで書いたところで、無性になつかしくなって、友人を誘って九十九里浜に向かった。どこまでもつづく海と空は昔と変わらない。だが、砂浜は無残な姿に変わっていた。砂浜と海しかなかった海岸は突堤や波消しブロックで囲われ、巻貝をデザインした高さ22メートルの展望台「九十九里ビーチタワー」が建ち、周辺にはプラスチックごみや弁当の食べ残しが散乱する。

振り向くと、コンクリートで固めた大きな駐車場の向こう側には、「九十九里有料道路」が視界を遮り、その先はぎっしりと家並みや飲食店が並ぶ。

戦後間もなくに撮影された写真を見ると、幅400メートルもの広大な砂浜が広がっていた。現在は、広い浜でも100メートルほどに縮んでしまった。場所によっては砂浜が消えていた。思い出のなかで真っ白に輝く砂浜は、どこかにいってしまった。

九十九里浜は、房総半島の太平洋に沿った66キロの砂浜である。源頼朝《みなもとのよりとも》が海岸を通りがかったとき、長い砂浜に感銘を受けて測量を思い立った。1里(約600メートル)ごとに矢を立てたところ99本あったため、九十九里浜と呼ばれるようになったという言い伝えがある。

しかし、70年代から徐々に砂の供給量が減少し砂浜は後退している。海岸沿いに36ヵ所もあった海水浴場は、砂浜の侵食に伴って2019年には18ヵ所に半減した。県は台風などから砂浜を守るために、1960年代以降、防波堤を建設して波消しブロック(テトラポッド)や突堤を多数設置してきた(写真5-3)。だが、遮るもののなかった雄大な砂浜の光景は見られなくなった。

さらにやっかいなのは、海岸線の管理が省庁によってバラバラなことだ。海の中は「水産庁」、海岸線は「国土交通省」、防風林は「千葉県林業事務所」と管轄が分かれている。法律も森林法、海岸法、港湾法、漁港漁場整備法、河川法、など縦割りの法律でがんじがらめになっている。

千葉県は砂浜の後退を阻止するために、波消しブロック、ヘッドランド（人工岬）、砂を補給する「養浜《ようひん》」などによる侵食対策を実施してきた。「ヘッドランド」は砂の流出を防ぐT字形の構造物、「養浜」は砂浜に砂を補うことだ。2017年に開いた「九十九里浜侵食対策検討会議」で、侵食が著しい区域に年3万立法メートルの砂を投入する「養浜」を砂浜幅40メートルを目標に実施することを確認した。

千葉県が2018年に策定した「気候変動影響と適応の取組方針」のなかで、九十九里浜は21世紀末（2081～2100年）の砂浜面積が20世紀末に比べて最大で9割縮小する可能性があると発表した。地球温暖化による海面上昇と砂浜の侵食が主な要因だ。

九十九里浜自然誌博物館を主宰する生物学者の秋山章男《あきやまあきお》（元東邦大学教授）は、一宮《いちのみや》海岸の豊かな生き物に魅せられて移住し、40年間以上も毎日のように砂浜を観察してきた。引っ越してきた当時、数百メートルあった砂浜は10分の1以下に縮み、ところどころまったく姿を消した。渡り鳥や産卵のために上陸するアカウミガメも激減した。「浜を眺めていると、『日本沈没』が絵空ごとでなくなってくる」と語る。

変わる日本の海岸風景

日本の海岸線の延長は約3万5295キロ（国土地理院）。世界でも6番目の長さでアメリカや中国を上回る。環境省の第5回自然環境保全基礎調査（1998年）によると、このうち自然海岸は53％、一部自然の残された半自然海岸は13％、人工海岸が33％。自然海岸の約2割、半自然海岸の約半分が砂浜だ（図5－1）。

これだけ海岸線が多様なのは、内湾、内海、入江、島々などの海岸地形が複雑なためだ。海流や波などの影響を受けにくいため、砂浜、泥浜、礫浜《れきはま》など多様な海岸ができた。

一方で、平野部以外では海岸のすぐ背後に山が迫る険しい地形から、狭い沿岸地帯に産業や交通路が集中した。高度経済成長期以後、沿岸域にはコンビナートなどの大規模工業地帯が造成された。工場地帯の用地を拡大するための埋め立てや産業施設の建設には、海砂やコンクリートの骨材が大量に必要になり、大量の砂が集められた。

工業地帯に電力を供給するために、河川にはダムが次々に建設され上流から運ばれる砂を遮断してしまった。砂の補給が途絶えて海岸の侵食が加速した。侵食を防ぐために海岸では護岸堤、波消しブロックなどの人工物が幅を利かせ、人は海から隔てられてしまった。こうして、日本人が親しみ愛してきた砂浜や海岸の景観が姿を消していった。過去100年で自然海岸の約6割が埋め立てによって人工化されてしまった。

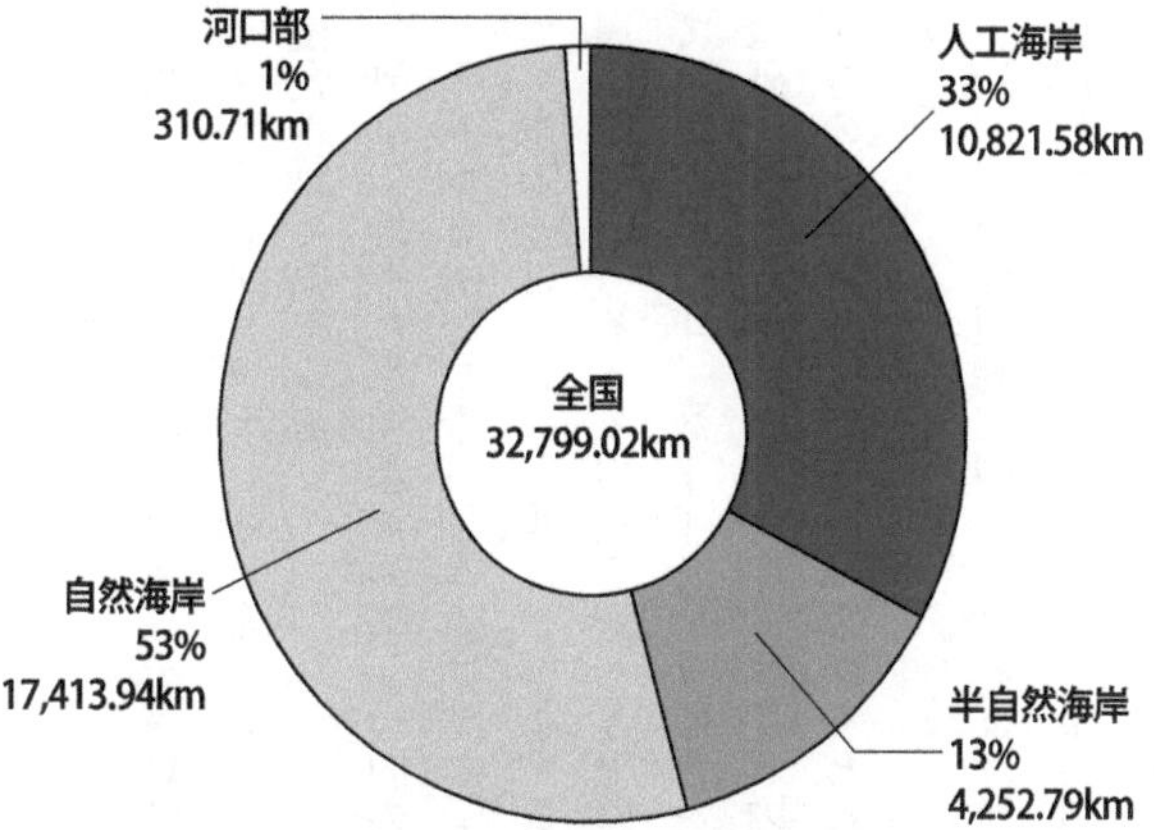

図5-1　海岸汀千区分の割合（出典　環境省「第5回自然環境保全基礎調査（1998年）」

自然海岸が姿を消すのにつれて、人気の高かった海水浴、潮干狩りなどの海岸のレクリエーションへの関心も薄れていった。海水浴は、交通渋滞や駐車場不足、日焼けするなどの理由で敬遠され、代わって都心のプールがにぎわっている。

海水浴場の数は、「レジャー白書」（日本生産性本部発行）によると、２００５年には１２７７ヵ所あったのが、２０１７年には１０９５ヵ所に減った。海水浴場に出かける人の数も１９９０年には約３０００万人だったが、２０１７年には約６６０万人と大幅に減少した。

日本財団の「海と日本」の意識調査（２０１７年）によると、10代、20代は「小学生のころに海に遊びに行った日数」について、約6割が「年1日以下」と答えている。レジャーの多様化もあるが、砂浜の魅力が失われたことも大きな理由だ。

もしも、波打ち際にカメラを置いて低速で撮影したら、砂浜の表情が刻々と変化していることがわかるはずだ。波が穏やかな夏には砂が堆積して砂浜は広がり、波が高くなる冬には侵食されて縮小する。

砂浜の地形は平坦なために、海面の水位が1メートル変化しただけでも、波打ち際は数十メートルも前後する。日本では潮の干満の差はおおよそ1・5メートル程度だが、それによって水際線は50メートルほど移動することがよくある。

山から川、そして川から海へと土砂が運ばれ、海岸近くの崖《がけ》が削られて砂浜は形づくられてきた。数百年、数千年という年月をかけた自然の営みである。外海に面した波の高い場所は砂が溜《た》まらずに岩礁海岸になり、内湾は泥が溜まって干潟になりやすい。その中間に発達するのが砂浜だ。海流や風でさらわれる砂と、供給される砂の微妙なバランスで存続してきた(図5-2)。

沿岸域が積極的に開発されるようになったのは、日本が高度経済成長期に突入したころだ。砂浜海岸では「砂浜幅」は、1900年ごろから1950年ごろまではあまり変化がなかったが、1950年ごろから1990年ごろにかけて、急激に砂浜が狭められていった。高度経済成長期にはじまった臨海工業地帯の造成などで、埋め立て用の砂を取られたためだ。

国土交通省によると、1979～92年の間に2395ヘクタールもの砂浜が消えた。これは東京・品川区の面積に匹敵する。全国の海岸が平均約17センチずつ侵食されている計算だ。日本の砂浜の平均幅が30メートルぐらいだから、約180年後には砂浜がすべて失われることになりかねない。

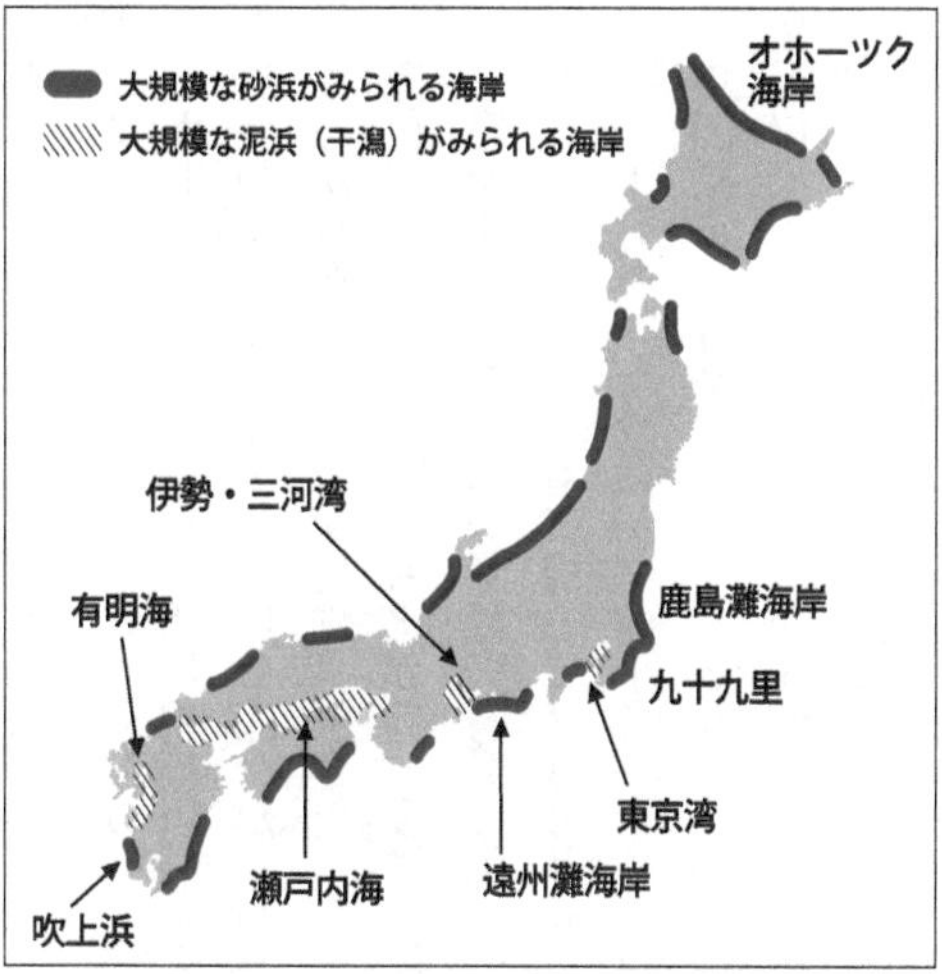

図5-2　日本における大規模な堆積海岸の分布（出典　平成22年度自然環境保全基礎調査　沿岸域自然環境情報整備等業務報告書　2011年3月）

神奈川県南部の逗子《ずし》市から茅ヶ崎《ちがさき》市を通って大磯町《おおいそまち》までのエリアは、その範囲に異論はあるが「湘南《しょうなん》」と呼ばれる。海水浴場が連なり観光客やサーファーでにぎわってきた。かつては、石原裕次郎《いしはらゆうじろう》や加山雄三《かやまゆうぞう》らの青春映画の舞台になって若者文化を牽引《けんいん》してきた。主として、相模《さがみ》川が運んできた砂によって形成された砂浜だ。ここに植えられた防砂林は「白砂青松百選」に選定されている。

しかし、高度経済成長時代に相模川から大量の砂利が採掘され、さらに相模川のダム建設、河口での浚渫《しゅんせつ》などによって川の流れが変わり、後述する流入土砂の減少が加わって1970年ごろから海岸の侵食が目立ってきた。

鎌倉《かまくら》市には、材木座《ざいもくざ》、由比《ゆい》ガ浜《はま》、腰越《こしごえ》、稲村《いなむら》ケ崎《さき》の4つ海水浴場があった。しかし、江《え》の島《しま》と富士山を望む美しい景観で有名な稲村ヶ崎の海水浴場は、1960年以降波打ち際が部分的に約50メートルも後退して2003年に閉鎖された。隣の由比ガ浜でも、奥行き百数十メートルもあった砂浜が、数十メートルも狭くなった。

小田原《おだわら》市の御幸《みゆき》の浜は1950年当時、砂浜の幅は200メートルもあった。1972年に海岸沿いに西湘バイパスが完成した後、川からの砂の補給が減って海岸の侵食が激しくなり、1988年ごろには砂浜に隠されていた基盤岩が露出する。その後、波消しブロックを投入して侵食防止の工事が進められたが効果がなく、現在は石だらけの「ゴロタ石海岸」になってしまった。

台無しになった砂浜

他にも景観が失われた砂浜は枚挙に暇《いとま》がない。静岡市の三保の松原は、富士山の前面に広がる白砂青松の雄大な景観で知られる。

盧原《いほはら》の
清見の崎の
三保の浦の
ゆたけき見つつ
物思ひもなし

（盧原の清見の崎の三保の浦、その豊かな海原を見ていると、旅の憂いも消え去ってしまう）

『万葉集』にもそう詠われた。「羽衣伝説」でも知られ、「日本新三景」「日本三大松原」「国の名勝」にも指定された景勝である。

２０１３年にはユネスコの世界文化遺産「富士山‐信仰の対象と芸術の源泉」の25ある構成遺産のひとつとして登録された。しかし、登録を審議する国際記念物遺跡会議（イコモス）から、「三保松原から富士山に対する眺望は、防波堤などのために望ましくないので、世界文化遺産の富士山の25の構成遺産のひとつから除外するように」という勧告を受けた。

静岡県は「清水海岸侵食対策検討委員会」で検討し、波消しブロックは撤去するなどの対策を発表し、やっと構成遺産として認められた。私も最近30年ぶりに訪ねたが、記憶にある美しい砂浜があまりにも醜悪に様変わりしていたのにはがっかりした。

三保の松原のある清水《しみず》海岸の砂浜は、安倍川《あべかわ》の砂が長い時間をかけて運ばれ、静岡海岸から清水海岸にたどり着いたものだ。1950年代後半から60年にかけて、年平均約70万立法メートル、1965年のピーク時には120万立法メートルもの砂や砂利が安倍川の河原で採掘された。加えて、砂防ダムや護岸の工事が行われたために、上流からの砂の供給が激減して海岸線の侵食がはじまった。

海岸では2004年から離岸堤やヘッドランドの建設による対策がはじまり、近年も毎年9万立法メートルの砂を投入して砂浜を維持している。だが、一連の侵食対策の結果、海岸線はでこぼこになり、以前の富士山を眺望する白砂青松の景観はすっかり変わってしまった。

和歌山県白浜町の白良浜は、文字通り白い浜辺と白浜温泉で知られる。日本書紀にも記されているほど長い歴史がある。白良浜の砂は、珪石《けいせき》が波で細かく砕かれた珪砂でできている。ガラスの原料やゴルフ場のバンカー砂としても使われるこの岩は、雪のように真っ白だ。

砂浜では波にさらわれて砂が減っていく。本来なら、川が新たに運んできた砂で補充されて砂浜は維持される。白良浜周辺では砂の供給が減って、昭和の終わりごろから砂浜がやせてきた。

そこで和歌山県は1989年、観光客のお目当ての白い砂浜を守るために、砂浜に砂を補給する「養浜」事業を開始した。そのための砂を国内各地から取り寄せてみたが、白良浜のような白い砂は見つからなかった。

海外の砂を調査したところ、オーストラリアのパースの砂が探し求めていた真っ白なものだった。その後、白浜を維持するために、約14万トンもの砂を輸入した。冬季には、風で砂が飛ぶのを防ぐために、ネットを張って保護している。

増える砂需要

川からの砂や砂利の採掘は、1923年の関東地震の復興工事で本格化した。被災地に近い多摩川《たまがわ》や荒川《あらかわ》などの河川敷では大量に砂や砂利が採掘された。それを運搬するために各地に鉄道会社が設立され、「ジャリ電」と呼ばれていた。首都圏の私鉄はジャリ電から発展して、東急電鉄、相模鉄道、京王電鉄など大手私鉄の母体となったものも少なくない。

戦後になって、1940年代には戦後復興がはじまり、砂利採掘もふたたび戦前の活況を取り戻した。高度経済成長期に突入しオリンピック需要もあって、砂や砂利などの骨材需要は急上昇した。この結果、1960年代後半には良質な河川骨材はほとんど枯渇してしまった。

大量採掘はさまざまな問題を引き起こした。河床面の低下によって護岸が浮き上がり、橋脚が露出し、さらに水質の汚染や採掘穴に子どもが落ちて死亡するなどの事故も起きた。砂利の運搬に使われるダンプカーの過載積による事故や、騒音・振動・排ガスなどの環境問題が社会問題化し、各地でダンプカー反対の住民運動が組織された。この結果、道路交通法が改正されて取り締まりが強化された。

多摩川では1952年にいち早く採掘の規制がはじまり、しだいに強化されて1965年には多摩川全域で全面禁止になった。江戸時代に、路面用の砂利集めからはじまった砂利採取の歴史はこうして幕を下ろした。つづいて、相模川、入間川《いるまがわ》、荒川など首都圏の主要な河川で採掘が禁止された。

この結果、大手砂利業者は新たな採掘地を求めて西へ移動し、静岡県下の富士川《ふじがわ》、安倍川、大井川《おおいがわ》、天竜川《てんりゅうがわ》の四大河川で砂利生産を急増させた。ここでも、同じ問題が繰り返された。1968年には砂利採取法の改定によって、環境破壊を防ぐため川砂の採掘がきびしく制限された。

また、自動車の通行量の増大とともに、路面電車のジャリ電は交通渋滞の元凶とされ、「ジャマ電」と呼ばれるようにもなった。だが、ジャリ輸送の役目は終えたものの、郊外に住宅地が拡大するとともに代わりに人を運ぶようになり、一部は地下鉄になって通勤の足としてその姿を大きく変えた。

川の砂利採掘ができなくなった業者は、新たな骨材の供給源に活路を見いだした。地中に埋まっていた古い河川敷から掘り起こした「山砂」、河川周辺の水田の地下の砂層から取る「陸砂」。さらに、岩山を爆破したり掘り崩したりして採掘した岩石を破砕機にかけてこなごなにした「砕石・砕砂」である。

砕石は以前から鉄道線路のバラストや道路の路盤材として使われてきたが、１９６０年代半ば以降はコンクリート用の骨材に転用されるようになった。砕石は、一時は骨材需要の半分を超えるほど人気が高かった。

川砂は採掘が規制されたため不足し、１９７０年代には海砂が使われるようになった。もともと川砂が少ない西日本では、以前から瀬戸内海沿岸や九州などで海砂への依存が高まっていた。俗に「東の川砂、西の海砂」といわれるほどだった。２０００年前後には、瀬戸内海沿岸地域から採掘される砂利の約9割を占めるまでになった。

とくに瀬戸内海では、大量の海砂・海砂利の採掘は、瀬戸内海の海域に悪影響をおよぼした。底質が砂から礫や泥に変わり、採掘の際に巻き上げる泥のために海水が濁り魚や海藻が減ってきた。漁場が荒れて漁業被害が顕在化してきた。海砂採掘への規制が強められ、

1998年には環境保全のため広島県が海砂採掘を全面禁止した。その後各県もつづき、2006年には瀬戸内海での海砂の採掘は全面的禁止になった。

海砂には塩分が0・02〜0・3%も含まれているので、コンクリートに埋め込んだ鉄筋や鉄骨が錆《さ》びて強度が下がる危険があった。また、コンクリートのガンともいわれる「アルカリ骨材反応」が発生した。海砂に含まれるアルカリ性物質がコンクリートを劣化させ、ひび割れや異常な膨張を引き起こす現象だ。とくに、西日本で数多く報告された。

たとえば、1977年に阪神高速道路の橋脚でひび割れが見つかり、山陽新幹線の高架橋などのコンクリート構造物でも1983年に深刻な劣化が明るみにでた。いずれも建設後わずか十数年しかたっていなかった。

このために、海砂をプールに浸《つ》けたり水で洗い流すなどして、塩分濃度を一定基準以下に下げる必要がある。国は1989年に、骨材中のアルカリ性物質の含有量を制限するなどの対策を打ち出した。

川砂が戻ってきた

川砂採掘が禁止されてから半世紀。上流から補給されて河川の土砂の堆積量が戻ってきた。

このため、国交省は砂採掘の規制緩和に踏み切った。採掘許可量は、規制緩和をはじめた

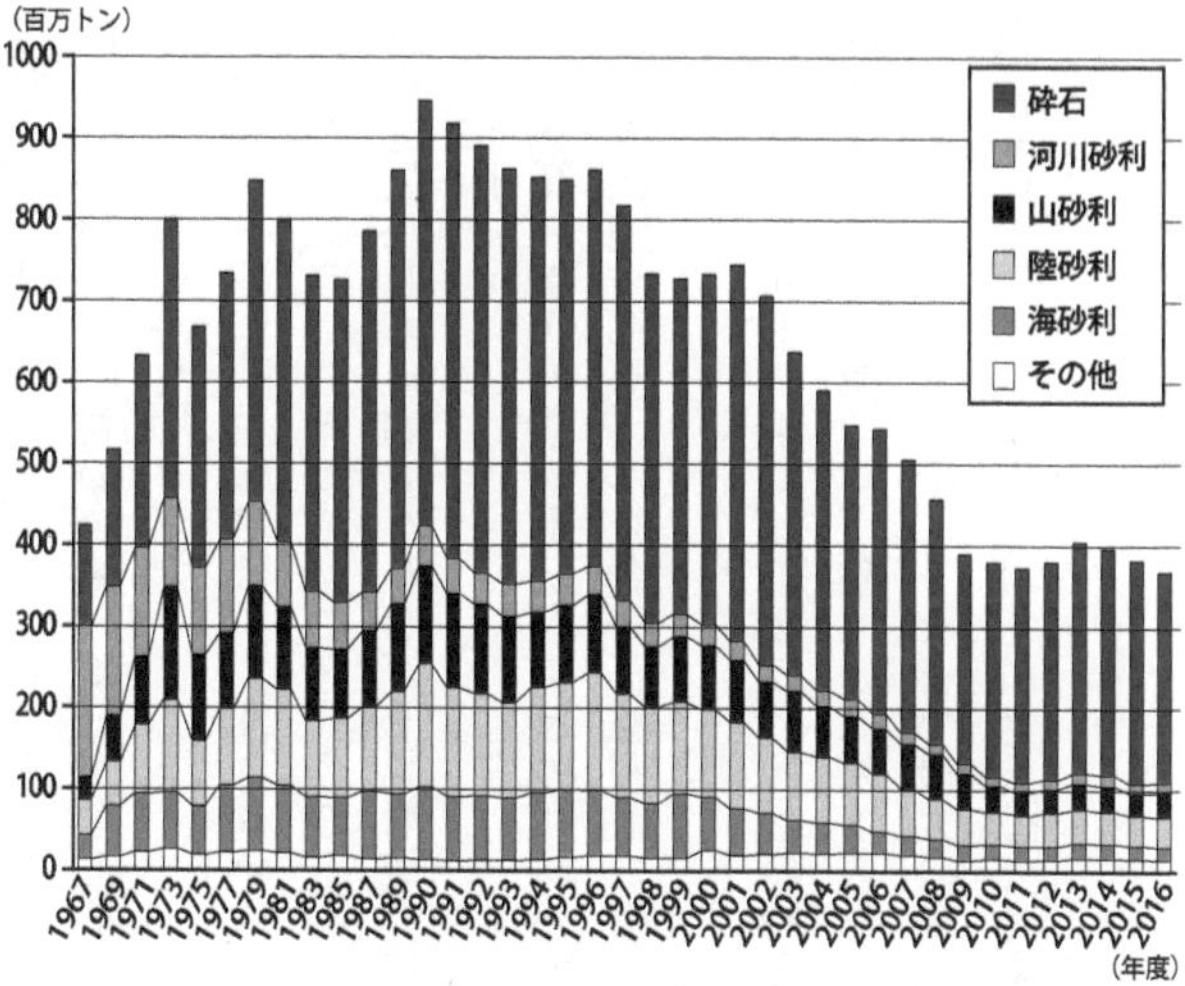

図5-3　日本の骨材供給構造（出典　経済産業省住宅産業窯業建材課）

２０１４年度の年間約５０００万立法メートルから、２０１９年度には約１０００万立法メートルと倍増した。賢明に利用さえすれば砂も再生可能資源である。

　骨材の供給を振り返ってみると（図５－３）、１９８９年度からの８年間で最高になり、とくにピークとなった１９９０年度には約９億４９００万トンに達した。その骨材のうちの半分以上が「砕石」で全骨材需要の70%を超えるまでになった。残りの約４億１０００万トンが砂などの天然骨材だった。

　これが、２０１６年になると骨材の供給総量は約3億６８００万トンを割り込み、ピーク時の4割ほどに急減してしまった。とくに、川砂は、1979年度までは1億トンを超えて砂利の全体の4分1を占めていたのが、2016年度には1200万トンまで減ってしまった。

セメントの年間生産量は、1990年代には9000万トンから1億トンの間で推移していたが、2000年以降は約8000万トンになり、近年は経済の低迷や新規の建設需要の減少を反映して年間6000万トン前後で推移している。このうちの6割近くが建設用の生コンに回される。

1990年代の平成不況以降は砂利需要の伸びは落ち着いてはいるが、国内での骨材供給は環境保護、都市化による砕石採掘地の減少や、川砂、海砂の採掘規制によって供給が先細りになった。

日本は2019年には125万トンの砂を輸入しており、ピーク時の2009年に比べて、ほぼ3分の1に減った。輸入先はオーストラリアが75%を占め、残りはベトナム、マレーシアである。2007年にそれまで最大の輸入先だった中国が輸出を禁止したため、日本の建築業界はコンクリート用砂を確保するため対応に追われた。

波消しブロックの蔓延

砂浜の侵食を防ぎ、海岸災害に対する防災機能を高めるために、１９５６年に「海岸法」が制定された。この結果、海岸整備の一貫として全国の海岸で堤防が張りめぐらされることになった。

波消しブロックが世界で最初に使われたのは１９４９年、第2次大戦直後のフランスである。海岸に新たに火力発電所を建設する際、護岸工事のために波消しブロックが投入されたのが世界で最初といわれる。１９６１年に日本の企業がフランスから製造特許を買って国産化を開始した。

高度経済成長時代に、沿岸の開発とともに波消しブロックは日本で大量に使われるようになった。メーカーのカタログには、8脚ブロック、中空3角ブロックなど１２０種以上のさまざまな形状のものが紹介されている。波のエネルギーを受け止めるために、1個で０・５～１１０トンもある。現在では、4脚の標準タイプで20万円ほどという。

ブロックの大投入量から日本の海岸の「醜悪化」がはじまった。護岸堤などの人工構造物と波消しブロックで固められているのが普通の海岸、という認識も定着しつつある。高波を防ぐなどの防災上の効果はあったものの、砂浜への砂の補給を遮断し、砂浜の侵食を激しくする逆の結果を招いた。

日本を愛し、国交省から「VISIT JAPAN大使」にも任命された米国人の文化研究家アレックス・カーは、著書『犬と鬼―知られざる日本の肖像』のなかで、怒りと悲しみに満ちた日本批判を展開する。怒りの矛先は自然破壊、都市景観だけでなく、コンクリートで固められた美しい山河にも向けられる。

（自然破壊は）川や谷ばかりではない。最も痛ましいのは海岸だ。1993年には、全海岸の55％が完全にコンクリートで固められ、コンクリートブロックやテトラポッドで覆われた。（中略）海岸線はコンクリートで固められ、無数のテトラポッドが灰色に積み上げられた風景は、日本のどこにでもある、平凡で腹立たしいものに変わった。

海岸を見ている限りでは、ここが湘南海岸なのか、千葉の海岸なのか、あるいは沖縄なのかほとんど見分けがつかないほどだ。重さ50トンにもなるテトラポッドはビッグビジネスだ。官僚にとってはおいしい仕事で、国土交通省、農林水産省の2省が、毎年それぞれ数百億円を投じてテトラポッドを造り、海岸にばらまいている。（後略）

各国の海を訪ねた範囲では、軍事目的を兼ねて敷設《ふせつ》している韓国の海岸地帯を除けば、日本は異様に多いと思う。「日本の美しい沿岸風景を台無しにしている」という批判は、国内だけでなく外国人観光客からも多く聴かれる。生活の場としての砂浜の喪失だけでなく自然保護の立場からも批判にさらされている。ウミガメが産卵できなくなったり海岸の植生を破壊するなど、生態系への悪影響が問題になってきたからだ。

波消しブロックの効果も疑問視されている。波の作用でかえって砂の流失が早まり、海岸の侵食が激しくなると指摘する専門家もいる。米国では、１９８０年代にメイン州を皮切りに敷設を禁じる州が増えてきた。サウスカロライナ州政府は１９８８年、既設のブロックを将来的にすべて撤去するよう命じている。

海中では漁礁の役目を果たすことから魚が集まるともいわれるが、その悪影響が問題になっている。環境省の「生物多様性センター」の調査では、千葉県館山市などで波消しブロック設置後に、「藻場」が消滅してしまった。波消しブロックは、海岸の侵食を防止するどころかかえって生態系の破壊につながった。

藻場は陸地を囲むようにして繁茂する海の森だ。多くの水生生物の生活を支え、産卵や幼稚魚が育つ場でもある。またそれ以外にも、水中の有機物を分解し、栄養塩類や炭酸ガスを吸収し、酸素を供給するなど海水の浄化に大きな役割を果たしている。

国交省は２００３年に発表した「美しい国づくり政策大綱」で、「景観阻害要因になっている波消しブロックの除却」を掲げており、実際に静岡県の富士海岸などで波消しブロックを撤去して人工リーフに代えた。人工リーフとは、海岸から少し離れた沖の海底に海岸線と平行に築いた人工的な暗礁のことだ。

こうした批判から、1999年には防災だけでなく環境や利用に配慮した「新海岸法」が改正された。背景には、侵食だけでなくプラスチックの漂着ゴミや海域の水質汚染に加えて、海洋レクリエーションの多様化によって砂浜を取り巻く海洋が大きく変ってきたことがある。

しかも、波消しブロックは形が不安定で滑りやすく、釣り客が落ちたりはさまったりする事故が後を絶たない。波消しブロックの隙間を水流が複雑に渦巻いて、いったん挟まると自力では脱出はむずかしい。波消しブロックで起きた事故を目撃した人のブログによれば、隣のブロックの上で釣りをしていた人が突然姿を消し、探したらブロックにはさまれて亡くなっていた。遺体を収容するのに難儀したという。

ダムに堆積する砂

砂浜がやせ細る責任はダムにもある。ダムは河水を堰き止めるが、同時に上流からの土砂も堰き止める。ダム湖に溜まっていくのが堆砂《たいしゃ》である。本来は海まで運ばれて砂浜に砂を供給するはずだった土砂の4分の1ぐらいがダムで捕捉されている。

多目的ダムには、下流に放流するための「余水吐《よすいば》き」という特別な排水口が用意されている。大雨などの場合に大量の水を排出するためには「洪水吐《こうずいばき》」という設備もある。堆砂も一緒に吐き出すことができる。

だが、高度成長期に盛んにつくられた電力ダムの場合、湖底に土砂が溜まっても水の落差が十分にとれれば発電能力に関係がないため、砂の排出装置がなく堆砂を起こしやすい。

ダムは建設時に、100年分の堆砂を想定してダム湖の容量を決めている。しかし、想定よりはるかに上回る速度で堆砂が進むダムが少なくない。堆砂容量を超えれば、ダム湖に溜まった土砂によって利水や治水のための容量が削られ、ダム本来の機能が果たせなくなる。

「国土交通省所管ダムの堆砂状況について」(2017年)によると、全国で558ある所管ダムのうち44で計画堆砂量を超えている。堆砂量が想定を超えているダムのひとつである相模ダム(神奈川県)は、総貯水容量の3分の1近くが土砂で埋まった。

同様に相模川水系の宮ヶ瀬《みやがせ》ダムも、完成から17年(2017年時点)しかたっていないのに、すでに堆砂容量の3分の1が埋まってしまった。この宮ヶ瀬ダムの総事業費は完成当時で約3970億円であり、八ッ場《やんば》ダム(群馬県)に次いで高額な事業費が国会でも問題になった。

八ッ場ダムは民主党政権下で事業が中止されたが、政権崩壊後に復活した。しかし、100年分の堆砂容量としていたのが、既存の多くのダムと同じように想定が過少だという批判が強い。

巨大ダムでは、天竜川の佐久間《さくま》ダム（静岡・愛知県1956年完成）は堆砂容量の倍近く、那賀川《なかがわ》の長安口《ながやすぐち》ダム（徳島県1956年）では3倍近くの土砂が溜まっている。球磨川《くまがわ》では流域住民の運動によって荒瀬《あらせ》ダム（熊本県）が2018年撤去されたが、まだ残されている瀬戸石《せといし》ダム（1958年）が河川環境の改善の障害となっているとして、撤去運動がつづけられている。

この他、浚渫によってかろうじて堆砂容量以内におさまっているダムとして、北海道の二風谷《にぶたに》ダムと映画にもなりわが国のダムの代表格とされる黒部《くろべ》ダム（富山県1960年）がある。

利根川水系のダムとして八ッ場ダムと同時期に計画された下久保《しもくぼ》ダム（1968年）でも浚渫作業が進められているが、設計堆砂容量1000万立方メートルなのに対して堆砂量は937万立方メートル。想定のほぼ倍の速度で堆砂が溜まりつづけている。

堆砂容量を決定するダムの設計時には、ダムの効果を大きくみせるために予測が甘く見積もられがちだ。第2次世界大戦後、大量に建設されたダムの老朽化が目立ち、しかも堆砂が進行している。他のインフラと同じようにダムの維持管理費が、国民の大きな負担となって跳ね返えりつつある。

森林飽和と砂浜

「日本の森林は乱伐され荒廃して減りつづけている」と思い込んでいる人は、私の周辺でも多い。台風や集中豪雨などによる大規模な土砂災害や水害が発生するたびに、マスコミなどでは森林破壊の責任が追及される。確かに、江戸時代中期以降、明治維新の混乱期やその後の急速な近代化、さらに第2次世界大戦の戦中戦後を経て、日本森林面積は一貫して減りつづけてきた。だが状況は大きく変わってきた。

林野庁の「平成30年度 森林・林業白書」によれば、日本の森林面積は１９６６年以降から２０１７年まで約２５００万ヘクタールでほぼ一定だ（図５－４）。しかし、樹木の体積の総和である森林蓄積を見ると、毎年約６６００万立法メートルずつ増えつづけて、この時期に２・８倍になった（図５－５）。成長の早い人工林だけをとると５・９倍にもなる。在来工法で１００平方メートルの木造住宅を建てるとしたら、３４０万戸も建てられる計算だ。

戦争の荒廃から立ち直るために、日本人は森林復活に資金や労力を投入してきた。終戦の翌年の１９４６年には、国土保全や水源のかん養、木材確保の目的から国を挙げて植林を開始した。だが、植林したスギ・ヒノキが育つころには、林業は輸入を自由化した外材に押され、労働力が不足して不振に陥った。伐採されずに放置された人工林は太りつづけている。

こうした歴史をたどっていくと、近年砂浜がやせ細っている理由が新たに見えてくる。年平均で毎年100〜200ヘクタールの砂浜が消失し、その速度は過去70年間の年平均値の2倍以上になる。太田《おおた》猛彦《たけひこ》（東京大学名誉教授）は『森林飽和―国土の変貌を考える』のなかで「砂浜の消失」の原因についてこう指摘する。

森林蓄積が増えたことで樹木による被覆面積が増えて斜面が安定し、土壌がしっかりと押さえ込まれ川に流れ込む土砂の量が減っている。つまり、砂浜の縮小と山地から流出する土砂の減少は比例している。

これまで、海岸への土砂供給が減った犯人は、砂利採掘やダムなどの河川構造物などによるものと考えられてきた。太田はこうした影響を認めつつも、1960年前後から河口への土砂堆積が減ってきて、洪水や氾濫の危険性を高める砂嘴《さし》や砂州《さす》（第三章）による「河口閉塞」が少なくなったことを挙げる。

砂州といえば京都にある天橋立《あまのはしだて》が有名だ。日本三景のひとつで、内外から多くの観光客が訪れる。しかし、上流からの土砂供給が減ってきたため侵食が進んで、かつての弓なりの美しい曲線はかなりゆがんできた。景観を維持するために、砂を運んできて投入したり、砂をポンプで吸い上げて侵食された部分に移動させるサンドバイパス工法で景観を維持している。

砂浜の消失や人工化で海岸地帯の生き物は深刻な影響を被っている。砂浜は風や波によっ

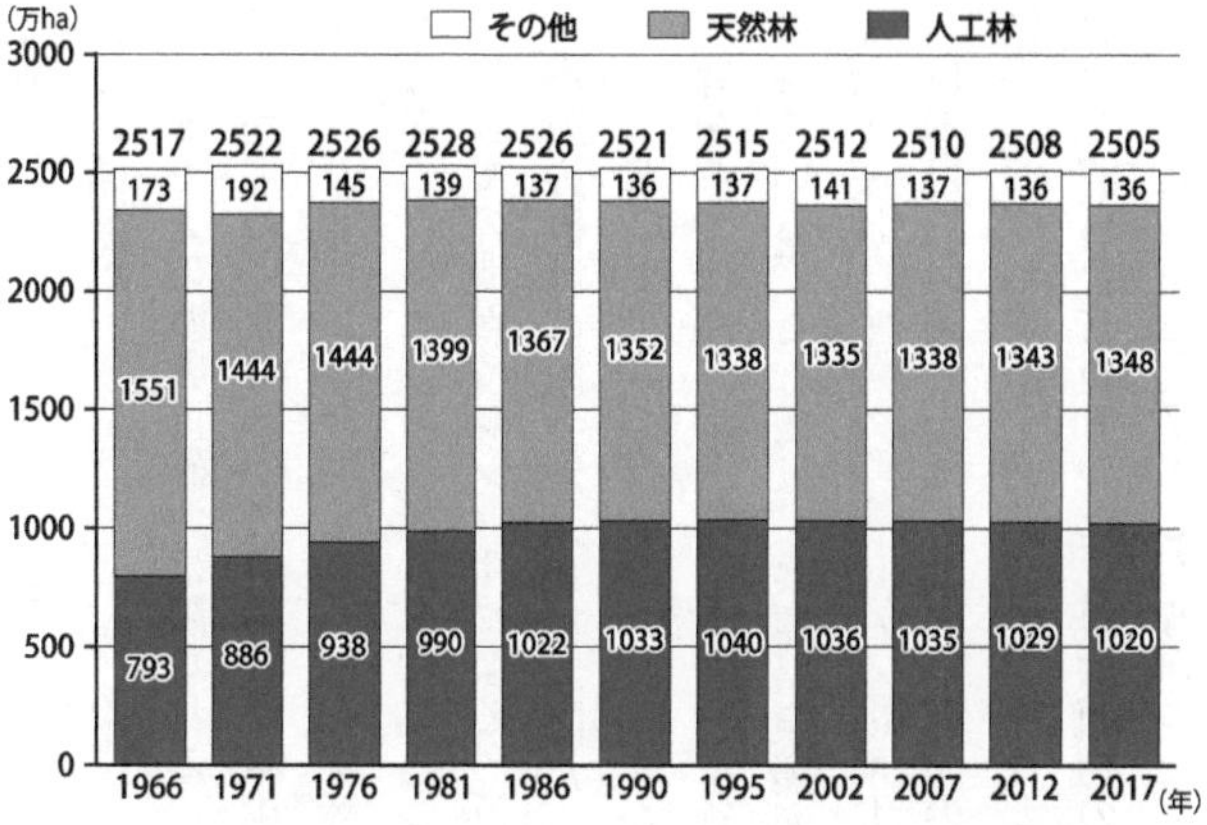

図5-4　日本の森林面積（出典　林野庁「平成30年度 森林・林業白書」）

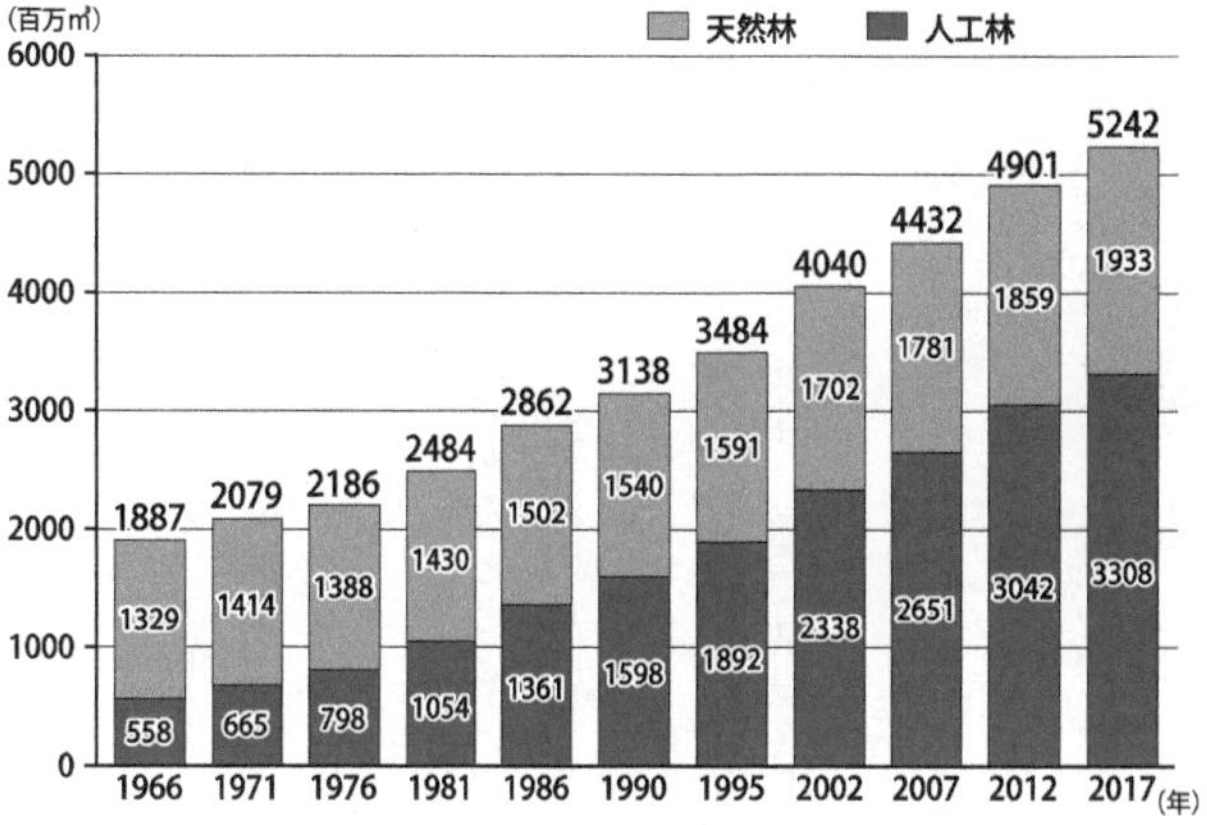

図5-5　樹木の体積の総和（出典　図5-4と同）

て地形が変化し、潮風にさらされ、直射日光で乾燥するので、動植物にとってはもともときびしい環境だ。

ウミガメの産卵は砂浜に限られる。環境省の調査では、全国120ヵ所の代表的なウミガメ上陸地のうち47ヵ所で上陸数が減少している。たとえば、徳島県阿南《あなん》市の蒲生田《かもだ》海岸では、1950年代には年間700回の上陸が記録されたにもかかわらず、近年では50回を下回っている。

漁業での混獲やレジャーによる砂浜の攪乱《かくらん》、ウミガメの嫌う海岸の照明などとともに、産卵場所の砂浜の減少が大きな原因だ。国際自然保護連合（IUCN）の絶滅の危険性を示すレッドリストでは、ウミガメのほとんどは絶滅危急《ききゅう》種や絶滅危惧《きぐ》種に指定されている。

昔からウミガメが産卵に上陸した各地の海岸では、産卵に配慮したさまざまな工夫がこらされている。たとえば、兵庫県東播海岸では砂を投入して産卵場を設け、愛知県豊橋《とよはし》市表《おもて》浜《はま》などでは、上陸の障害になる波消しブロックを移動した。

日本自然保護協会は、全国の海岸の自然環境や海浜植物の生育状況を調査してきた。その結果、海岸に堤防や消波ブロックなどの構造物が設置された砂浜は、878海岸中760の海岸で87％を占めていた。海浜植物の生育種類数をみると、6種以上の在来種の海浜植物がみられた砂浜は約7％しかなかった。代わって、外来植物の侵入が目立つようになった。

第六章　今後の砂問題

水も空気も砂も

日本列島は水に恵まれ、もともと水は「資源」とは考えられてはいなかった。日常的に使われる「湯水のように」という表現によく表れている。しかし、首都圏では1960年前後から人口が急増してきた。同時に、高度経済成長政策を背景に水道水の使用量は急増し、水不足が深刻になってきた。このころから、政府も産業界も水を資源と捉《とら》えるようになってきた。1961年には「水資源開発促進法」が制定されて法律にも「水資源」が登場した。

首都圏は1960年代に入って雨がほとんど降らなくなり、干天つづきの異常気象になった。都民の水源地である小河内《おごうち》ダムや村山《むらやま》・山口《やまぐち》貯水池は干上がって湖底が露わになった。東京都内には砂塵《さじん》が舞い、マスメディアが「東京砂漠」と報じる事態となった。

1964年には最大50%まで水道の制限給水が強化された。この年はアジア初の東京オリンピック大会が開かれた。大渇水のなかで開催できるのか、政府も国民もひやひやしながら開会式にこぎ着けた。制限給水は、通算1259日にもおよび、水が貴重な資源であったことを日本人は思い知らされた。

世界でも地域によっては水資源問題が深刻化している。消費される水の70%は農業用水であり、水不足は飢餓や地域紛争に直結する。とくに雨量の少ない乾燥地帯では、地中深くに溜《た》まった「化石水」にまで手がつけられはじめた。太古の昔に生成され、地下の巨大な帯水層に蓄積されていた人類最後の水資源である。

アメリカ中央部の大草原地帯の地下のオガララ帯水層は8州にまたがり、ここから汲《く》み上げた用水でアメリカの農地の27％を灌漑《かんがい》している。過剰な水の汲み上げによって、地下水位が年間1・5メートルも下がっている地域もあり、あと50年で枯渇するともいわれている。何万年もかけて地中に蓄えられた水が、使いはじめてわずか数十年で枯渇するかもしれないのだ。

このほか、エジプト、リビア、サウジアラビア、イスラエル、ヨルダン、インドなどの乾燥地帯では、18億人が化石水に頼って生活しているとされるが、部分的だがすでに水資源が尽きはじめている。

各地の観光地では空気の缶詰が売られている。有名なのは「富士山の空気」。その名の通り、富士山の空気が詰まった缶詰だ。日本平成村（岐阜県関《せき》市）では「平成の空気缶」が販売されている。

深刻な大気汚染が社会問題になっている中国でも、「空気」は人気商品だ。広東省連山県にある金子山は森林に囲まれた景勝の地で、大気汚染とは無縁の自然豊かな地である。海抜1400メートルもある峰と峰の間に掛けられたスリル満点の橋や、下が透けて見えるガラスの階段になった登山道が有名だ。

ここの屋台のおみやげ屋には「新鮮な空気あります」の看板が出ている。タケノコや山菜などとともに空気を詰めたビニール袋が並べられている。大きな袋は30元（約460円）、小さなのは10元（約150円）。袋には客の目の前で空気を入れてくれる。

売り子にたずねると、広州、香港、深圳、東莞、マカオなど汚染のひどい街からやってくる観光客が、面白半分に買い求めるという。この「空気商品」は各地の観光地でも売り出されている。観光客がおみやげとして持ち帰って、新鮮な空気を思い切り吸って楽しむというから、ちょっと切ない。

「空気」のおみやげはジョークみたいなものだったが、現在の世界をみていると、「空気資源」という言葉ができてもおかしくないほど空気が貴重になっている。南アジア、東南アジア、中東の355都市のうち、世界保健機関（WHO）が定める年間の大気の環境基準を満たしているのはわずか6都市にすぎない。

とくに大気汚染のひどいインドや中国などの街を歩いていると、呼吸することさえはばかられ、缶詰でもいいからおいしい空気を思い切り吸いたくなる。

このところ日本の漁業は不漁がつづいている。カツオからはじまって、サンマ、シロザケ、スルメイカ、イトヨリダイ、タラなど主要大衆魚が次々に不漁に追い込まれ、価格が高止まりしている。世界のひとりあたりの魚肉消費量は過去半世紀で倍増した。これが乱獲を招き多くの水産資源が枯渇へと突き進んでいる。

世界の水産物の状況は悲惨だ。魚は必須タンパク源であり、人類の消費するタンパク質の16％をまかなっている。アジアでは28％、アフリカでは21％。国によってさらに依存率が高い。

魚は再生可能な資源だが、限界を超えた漁獲によって魚の個体数は減少している。国連食糧農業機関（ＦＡＯ）は、商業魚種の半数は漁獲量が限界に達し、生産量を増やす余地はない。にもかかわらず漁獲量は横ばいがつづいているのは、漁船や漁具が高性能化して漁獲能力が格段に上がっているためだ。

ＦＡＯの資源評価報告によると、乱獲状態にある魚種は33％に達し、資源ぎりぎりまで獲られているのは60％を超える。このまま消費が増えていけば、２０５０年までに世界の漁業が完全に崩壊する可能性があるとＦＡＯは警告する。

代わって、見た目がグロテスクな深海魚が店頭に並ぶようになった。キアンコウ、アブラボウズ、ドンコ（正式名称エゾイソアイナメ）、メヒカリ（アオメエソ）……。深海魚は生態も漁獲可能量もほとんどわかっていない。このまま獲りつづけてサンマやイカの二の舞いになりはしないだろうか。

同じことは森林資源でも起きている。世界の森林面積は伐採や山火事によって、１９９０

～2015年に1・3億ヘクタール減少した。日本列島3つ分以上の面積の森林が、失われていることになる。食糧増産のための開墾が進み、貧しい国々ではエネルギー源の薪炭材《しんたんざい》への依存が増えつづけ、先進地域では建築材や紙の需要が伸びているためだ。しかも、北米やオーストラリアではこのところ大規模な山火事が絶えない。

CO_2の吸収源である森林が失われることで、地球温暖化を加速し自然災害を増加させることにつながる。近年、新型コロナウイルス、エボラ出血熱、鳥インフルエンザといった「新興感染症」と呼ばれる新たな病気が流行しているのも、森林破壊と無関係ではない。たとえば森林にすむコウモリは、人に感染する61種ものウイルスを保持していることで知られる。世界的流行を引き起こした新型コロナウイルスもそのひとつだ。森林破壊によってすみかの森林を追われたコウモリが、人の社会に入り込んで人にウイルスを感染させた疑いが強い。

まさに砂、水、水産物、空気で起きているのは、「コモンズの悲劇」である。2019年2月、各国からリーダーが参加する世界経済フォーラム（WEF）は、次のように警告した。

「地球は資源の収奪によって自然を危機的状況に追いやられ、持続不可能な状態に陥っている」

世界人口の楽観論

ただし、楽観的な見方も紹介しなければ不公平であろう。国連の人口増加シナリオでは「今後30年で20億人増加し、2100年のピーク時には現在よりも4割多い109億人になる」と予測している。これまでは「地球はこれだけの人口を支えられるのだろうか」という疑問に集中してきた。

一方で、このシナリオが過大な予測だとして、疑問を呈する研究者も少なからず存在する。米国ワシントン大学の研究者は、2020年7月にイギリスの医学誌『ランセット』に掲載した論文で、2100年の世界人口は88億人にとどまり国連が予測した人口よりも21億人少なくなると発表した。出生率の低下と人口の高齢化が原因だとしている。

この論文によると、日本、スペイン、イタリア、タイ、ポルトガル、韓国、ポーランドを含む20カ国以上では2100年までに人口が半減し、中国も今後80年間で現在の14億人から7億3000万人に減る。日本は2020年3月の1億2600万人から2100年には6000万人まで急減することになる。

2019年、カナダ人ジャーナリストのジョン・イビットソンと統計学者ダレル・ブリッカーは共著『Empty Planet（からっぽの惑星）』（邦訳『2050年世界人口大減少』）を出版した。その著書のなかで、従来とはまったく違った未来予測が提示される。「今後30年で世界人口は減りはじめ、減少がはじまれば二度と増加に転じることはなく、２１００年には70億から80億の間に収まる」という予言である。

発展途上地域で女性の教育水準が上がれば出生率が下がることは、人口政策にかかわる専門家の共通認識といってよいだろう。たとえば、教育を受けた女子は婚期を遅らせ、計画的に出産することを学ぶ。その結果人口増加が抑制される。世界銀行は、女子の教育期間が１年伸びると出生率が10％下がると報告している。

著者の２人は、デリーのスラムやサンパウロの病院に潜り込み、ナイロビのバーに集まる若者たちと話し合う。ここで、都市生活者は生活や教育の支出増から出生率が低下することを実証する。

そして、若者たちがスマートフォンを使いこなすのをみてひらめいた。彼女たちは字が読めるし、膨大なデータにアクセスできる。学校教育外でも立派な社会教育を受けている。26カ国で女性に何人子どもが欲しいかをたずねると、答えは例外なく２人前後だった。これまで、大家族のなかの女性に出産を強いてきた圧力はどの地域でも消えつつあり、とくに途上地域で著しかった。

長らくアフリカやアジアの途上地域で生活した私の感触でいうと、確かに若い女性の意識は大きく変わりつつある。スマートフォンで世界とつながったことが、この意識改変の原動力になったことは賛成できる。

だが、2020年に78億人を超えた世界人口が『ランセット』の論文のように88億人以内に収まるとしても、これから世界人口ランキングの3位から6位まで、すなわちアメリカ、インドネシア、パキスタン、ブラジルの4カ国分の人口が地球上に上乗せされることになる。しかも、その9割までが都市で誕生する（第一章）。人類の危機がつづくことに変わりはない。

同時に、砂の危機でもある。国際的な市場調査会社の調査によると、合法、違法の採掘が止まらないため、砂の埋蔵量は世界中で先細りになっている。この結果、砂の価格が上昇している。世界の骨材消費のほぼ半分を占める中国をはじめ、インド、インドネシア、ベトナム、マレーシアなどのアジア各国、さらにアフリカ、中東地域などでも消費が急増している。

中国はダムなどの巨大インフラ整備の3年計画（2018～20年）、同様にインドも2020年までに完成予定の鉄道および高速道路網の建設など多くのインフラ開発を進めている。インドネシアは経済成長の加速を目指し、25の空港や新たな発電所の建設など野心的な総合プロジェクトを策定している。2020～24年に過去最高の約6000兆ルピア（約45兆1500億円）を投資する。

その他のASEAN諸国も、急速な経済発展で道路・鉄道網、空港・港湾の増新設、送電網や発電施設の拡張、都市インフラ整備などの計画が目白押しで、いずれも膨大なコンクリートを消費する。

廃建材の再利用

日本の鉄筋コンクリート造の建築物の法定耐用年数は47年である。耐用年数は税法上の減価償却の計算に使われるもので、実際の寿命はメンテナンスなどによって大きく異なるが、通常のマンションは50〜60年とされる。

かつて高度成長期に「質より量」が重視された日本の住宅性能は低く、欧米に比べて中古住宅市場が確立されていない。その上、家族構成の変化に対応するリフォームがむずかしかったために、建て替える必要があった。

鉄筋コンクリート造りのマンションが普及しはじめたのは第1次マンションブームがあった1963年以降だ。初期に建設されたマンションは寿命を迎え、建設廃棄物の排出量が増加しつつある。

日本の建築廃棄物の排出量は、2018年には約8万トンで、全産業廃棄物排出量の約2割、不法投棄量の約7割を占める。

国交省は、2002年に「建設工事に係る資材の再資源化等に関する法律」（建設リサイクル法）を施行し、床面積の合計が80平方メートル以上の建築物を対象として解体、新増築、修理などに伴って発生するコンクリート、鉄、木材、アスファルトなどの再資源化を義務づけた。

この結果、建築廃棄物の再資源化率は、１９９５年は58％だったのが、２０１８年には97・2％まで増えた。再資源化率とは、廃棄物の排出量に占める再使用量（再生利用量を含む）の割合だ。コンクリート廃材だけをみると、この間に資源化率は65％から99・3％に上昇した。いずれも世界一である。

コンクリート廃材については、破砕、選別、混合物除去、粒度調整などによって、コンクリート砂、道路や路盤用など再資源化される。この歴史は古く、１９７５年に首都高速湾岸線の葛《か》西《さい》橋の関連工事で、はじめて再生砕石が採用された。近年は、解体で発生した廃コンクリート塊を、現場で骨材に再生してコンクリートとして使うことも増えてきた。

アスファルト廃材も、コンクリート廃材の再資源化とほぼ同じ時期に、再生加熱して溶かしアスファルトに混ぜ舗装材として再利用できるようになった。現在ではアスファルト舗装の70％以上は、アスファルトとコンクリートの廃材をリサイクルしたものだ。

車両通行量にもよるが、道路舗装は通常は10年程度で再舗装されるために、その都度アスファルト廃材が出る。そのリサイクルはさらに進み、アスファルト・コンクリート塊のリサイクルは、すでに再々リサイクルの時代に入っている。

こうした再資源化は、建設廃棄物の発生の抑制、砕石資源の保護だけでなく、原材料が建設現場の多い都市部で得られるため、輸送距離の短縮でCO_2削減にもなる。

ガラスの浜

ガラスの原料は砂であり性質も砂と同じだ。粉砕すればコンクリートに混ぜる完璧な骨材となるが、天然の砂と比べるとまだコストが高い。

長崎県大村《おおむら》市の森園公園近くにある砂浜が、「インスタ映え」するとして話題になっている。実は、大村湾の水質改善の目的で、細かく砕いたガラスを敷いた人工砂浜だ。県が2016年に約1ヘクタールの砂浜全体に約3000立方メートルをまいた。

遠目には普通の砂だが、手にとって見ると透明、青、緑、茶色などの小さなガラスの粒がキラキラと光る。1ミリ前後の砂粒は角がとれているのでケガをすることはない。水質が改善されてアサリ生産量も増えているという。

アメリカ・フロリダ州の観光ビーチで知られるフォートローダーデールやブロワードでも、ビーチが急速に縮んできたため沖の海底から砂を吸い上げて砂浜に移してきた。しかし、その砂も足りなくなってきて、郡当局は代わりにガラスから作られた砂で補充した。ゴミ回収で集められたビンやガラス製品が原料だ。

ニュージーランドのフッド湖のビーチやカリブ海のオランダ領キュラソー島でもガラスサンドで砂浜を養っている。キュラソー島では、この人工砂にウミガメが産卵したという。いずれも珍しさから観光客に人気がある。

他方、ゴミとして廃棄されてきたビンのリサイクルが進んでいる。ビールビンや牛乳ビンなどの「リターナルビン」は洗って再利用する。それ以外の「ワンウェイビン」は、回収後色別に分けて破砕してカレットにする。それをふたたびガラス製品の原料に、住宅の断熱材（グラスウール）、タイル、レンガ、路床、路盤などに再利用される。ガラス製品をつくるには多くのエネルギーが必要なので、リサイクルによって節約できる。日本のガラスのリサイクル率は、2012年以降は70％前後で推移している。

新たな骨材の素材

今後は急速に骨材が不足するとみられ（図6－1）、代替骨材の開発が各国で進められている。廃棄物焼却や石炭火力発電所から、副産物の灰であるフライアッシュが大量に出る。とくに石炭の灰はセメントと相性がよく、耐久性、施工性、流動性の高い骨材になるほか、建材、骨材、道路材、地盤改良材など土木・建築材料などに古くから利用されてきた。

新たな素材も登場している。廃プラスチックは海岸に漂着してゴミ公害になるが、細かく砕けたマイクロプラスチックは海洋生物に悪影響をおよぼすとして、国際的に問題になっている。日本でもレジ袋の有料化に踏み切ったのはこのためだ。

経済協力開発機構（ＯＥＣＤ）は２０１８年の報告書で、「世界のプラスチックごみは年間３億２００万トン発生し、環境への被害総額は年間約１３０億ドルに達する」と発表した。だが、廃プラスチックのリサイクル率は、世界全体で９％（２０１７年）にとどまっている。日本のリサイクル率は84％もある。ただし、その6割までが「サーマルリサイクル」として燃やされて熱源として使われているので、物質としてのリサイクル率は23％しかない。

再生プラスチックは、各国で道路舗装の砂の代替品として実用化がはじまっている。プラスチック屑《くず》の小さな粒子である「プラスチック砂」は、コンクリート中の天然砂の10％を置き換えることができ、年間最低8億トンを節約することができる、とする計算もある。プラスチック道路は、テスト段階では従来のアスファルト道路の3倍の耐久性があり4倍も軽量なので道路整備の時間が70％短縮される。

オランダでは、廃プラスチックで箱形のモジュールをつくり、それをつないで地下に埋設して空洞部分に電線や上下水道のパイプを通す道路を実用化した。大水のときの排水路としても利用できる。軽量なので道への負荷も少ない。破損や劣化が起きてもモジュールの交換

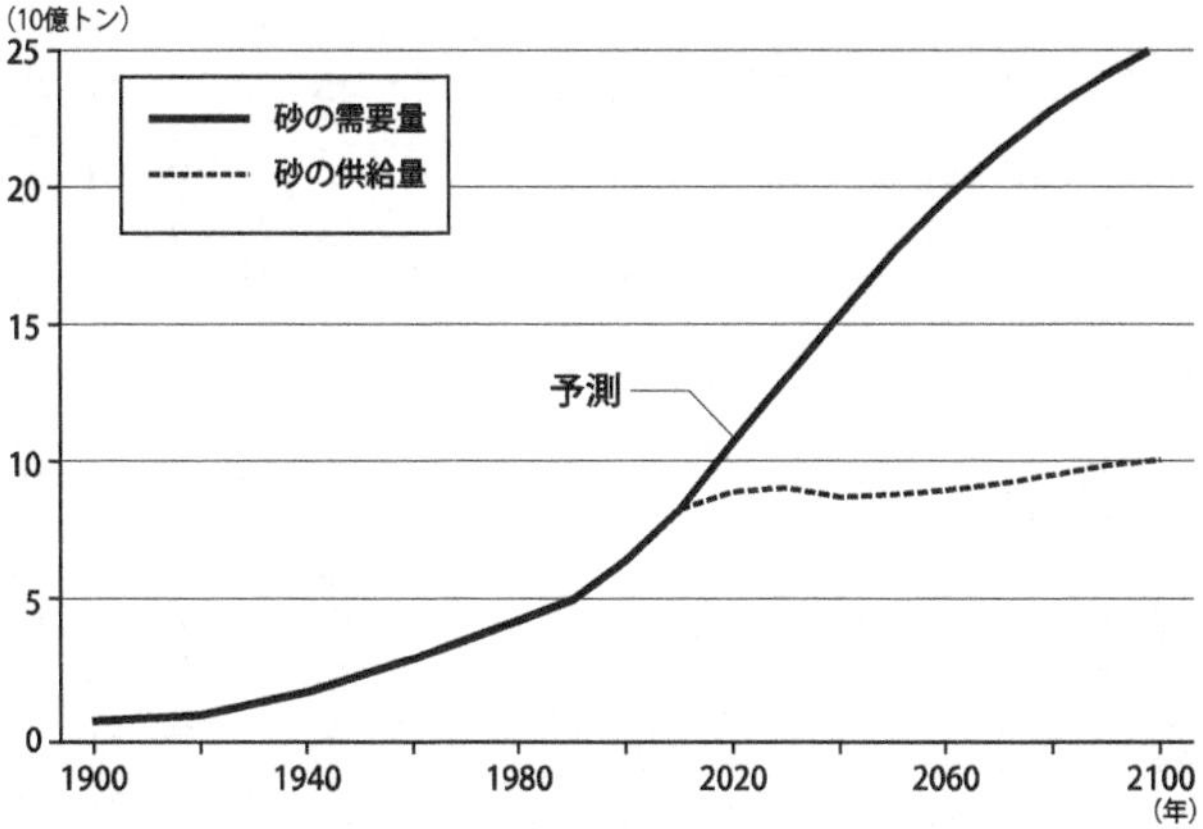

図6-1　予測される砂の需要と供給量（出典　“Time is running our for sand” Nature 571, 29-31（2019））

で修理でき、モジュールは不要になればまた再利用ができる。

イギリスの会社はアスファルトに廃プラスチックを混ぜる道路舗装材をつくり、滑走路や競馬場のアスファルトに使っている。この技術はカナダ、オーストラリアなど各国に広がっている。運河で有名なオランダのズボーレでは2018年9月、100％リサイクル・プラスチックでつくられた史上初のサイクルパス（自転車専用道路）がオープンした。

ココナッツの殻などで骨材の代替にする建築材料の使用も増えてきた。インドでは、道路建設の砂の骨材の代替として、都市の不燃ゴミがすでに使用されている。竹、木、わらなども代替建材として使用できる。

地球をスイカにみたてるなら

砂に限らず身の回りの資源が急速に劣化している。『砂と人類』の著者ヴィンス・バイザーは「どうすれば砂の使用量を減らせるかではなく、どうすればすべての資源を減らすことができるかだ」と問いかける。

「私たちは木材、水、水産物などすべての天然資源を使いすぎており、砂もそのリストのひとつにすぎない。これからこの惑星に住む人たちが生きていくためにも資源が必要だ」という。

私たちは膨大なモノと情報の洪水に押し流されて、息せき切って走る『鏡の国のアリス』（ルイス・キャロル著）のような世界に住んでいる。鏡の国に君臨する女王はつねに疾走している。「いいこと、ここでは同じ場所にとどまっているだけのためにも、せいいっぱい駆け続けなければならないんですよ」とアリスに忠告する。

まわりの風景も、同じスピードで動いているので、同じ場所にとどまるためには全力で走りつづけなければいけないのだ。これは「赤の女王効果」として知られ、情報産業などの最先端で働く人にとってはおなじみであろう。

全力で疾走するために、食料、エネルギー、木材、地下資源を貪欲《どんよく》に消費し生物多様性を減少させ、大気中の二酸化炭素を増大させてきた。ついには、無限と信じられていた砂や水や魚の資源の枯渇が現実のものになってきた。そのあげく、環境の破壊や汚染、大量の廃棄物に悩まされるようになった。

ユヴァル・ノア・ハラリは『サピエンス全史』のなかで「人類の活動は自然の法則を越えてしまった」と指摘する。

最近、私はこう考えることがよくある。地球をスイカにたとえるならば、甘い赤い身を食い尽くして、今や周辺の白い部分をかじりはじめたのではないだろうか。深海魚、化石水、シェールオイル／ガス、集成材、レアメタルや貴金属の廃製品からの回収。ひと昔前には見向きもしなかった資源だ。

私たちはモノを使いすぎているのではないか。身辺には買ってはみたが、二度と見たことのないもの、処分に困る贈答品、何となく捨てられないモノが家のなかにあふれているはずだ。

日本の平均的な家庭のなかには、どれぐらいモノがあるのだろう。ちなみに、「家の中にいくつモノがあるか、全部数えてみた」というブログ（wakame335.exblog.jp）を開いたら、4人暮らしの家族で3757点もあった。他のブログを見ても、一家4人で3000〜4000点ぐらいあるのが普通だ。「片付けコンサルタント」の近藤《こんどう》麻理恵《まりえ》（こんまり）が世界的なスターになるのもうなずける。

私は、ブラジル・アマゾンの先住民、カイオワ族の村に住んだことがある。パラグア国境に近い原生林の真っただ中だ。ホストファミリーは、川のほとりの草ぶきの小屋に、両親と3〜13歳の子ども3人が暮らしている。家のなかのすべてのモノを数えてみたら、19しかなかった。私のリュックのなかにはその2倍ものモノが入っていた。

手製のハンモック、マチェーテ（山刀）、弓矢、鳥の羽でつくった冠。一家5人が、熱帯林のなかで自らの手で集めたものだけで力を合わせてひたむきに生きていく姿は感動的だ。女の子は妹の面倒をみて、洗濯、食べ物集めや料理で母親を手伝い、長男の男の子は父に連れられて動物や魚を捕りにいく。

ある日、狩りに出た父親と息子が獲物のアグーチを担いで帰ってきた。50センチ以上はある大ネズミ。これはごちそうだ。一家はたき火を囲んで幸せそうにかぶりついている。人類は発祥以来長い間、このような生活をしていたのだろう。

先住民と現代人の生活を比較するのはナンセンスだが、先住民の持ち物の200倍ものモノを身の回りに集めて、私たちは果たして幸せになったのだろうか。

オーバーシュート・デー

地球が再生できるよりも多くの資源を、人間が消費していることは確かだ。国連と経済協力開発機構は、２０５０年までに一次的な原材料の需要が世界で2倍になると予測している。

カリフォルニアに拠点を置く環境ＮＧＯ「グローバル・フットプリント・ネットワーク」は、「地球オーバーシュート・デー」（地球の能力を超えた日）を毎年発表している。もとは、「有価証券の価格の行き過ぎた変動」からはじまった業界用語だが、新型コロナウイルスの流行で、「爆発的患者急増」を意味する語に転用されてすっかり有名になった。

森林、水産物、水資源など、1年間で地球が資源を再生できる能力をあらかじめ計算し、人類の資源消費量がこの目標を突破する日だ。つまり、私たちが1年間で生活するうち、この日を境に将来世代の分を「先食い」して、自然資源を消費していることを意味する。人間活動がいかに性急に拡大して地球への影響を増大しているか。それを認識させるためにつくられた概念だ。

世界では１９９０年には10月11日だったのが、２０２０年には8月22日に早まった。日本だけについてみれば5月12日である。つまり、この日以降の２０２０年の残された日々を、人類は地球の「原資」に手をつけながら、「赤字」の生活することになる。

私たちが消費生活を享受した分、そのツケは未来の子か孫が背負わねばならない。あるいは、すでに先祖から背負わされたツケをさらに増やしながら生きているのかもしれない。

あとがき

「砂」は私にとって夏の思い出そのものだ。熱い砂浜。真っ青な空。入道雲。夕立。竹皮に包まれたおにぎり……。その思い出は、3歳から5歳ぐらいまで疎開していた茨城県北部の砂浜からはじまる。当時は太平洋戦争の末期に近く、米軍機による空襲を逃れて地方に逃げ出すのを「疎開」と呼んでいた。

大人たちは、空襲から身を守る「防空壕」を掘ったり、庭につくったイモ畑を耕したり、ご近所と物々交換したりして忙しく、子どもをかまうヒマもなかった。近所の子どもたちと連れだって一日中砂浜で遊ぶのが日課だった。今から考えると、子どもたちだけで海に遊びにいくことをよくも許してくれたものだ。

県内に日立の軍需工場があり、その攻撃のために高空を飛ぶB29爆撃機やグラマン戦闘機の機影をよく見かけた。浜でばったり母親に出会ったことがあった。モンペ姿で竹槍を担いでいた。女性たちが20人ほど砂浜に並ばされて、かけ声もろともヤリを突き出す訓練だった。軍服姿の初老の元軍人が、竹刀で女性たちをこづき回していた。母親がかわいそうでならなかった。

砂浜で集めた貝殻、ヒトデ、さまざまな色の小石、木の実などの宝物は、大きなブリキ製の箱に収まっていた。だが、政府の金属回収令で家のなかの金属製品は、鍋釜《なべかま》からタンスの取っ手まですべて軍需用に供出され、大切な宝箱も木製に替わった。

それから数十年たってあの海岸を訪れた。記憶のなかでどこまでもつづく砂浜はほとんど姿を消して、堤防が波打ち際にまで迫り背後の松林は住宅地になっていた。「やはり思い出は記憶のなかにしまっておくべきだった」と訪ねたことを悔やんだ。

人生は新聞記者からはじまって、内外の大学の研究者、国連や国際機関の職員、外交官と駆け回っている間に80歳を超えた。130カ国以上で調査・研究、講演・講義などをしてきたが、「砂」に関わったのは砂漠化問題だけであり、砂資源の枯渇によるさまざまな紛争は知らなかった。

あとから考えれば、長江を船で下っているとき砂を満載した艀《はしけ》が連なって川を下っていくのを見たことがあるし、メコン川のほとりにうずたかく積み上げた砂の山もみた。ナイジェリアではこどもたちがラグーンに潜ってバケツで砂を集めていたし、ケニアでは砂をめぐって殺し合いがあったことをニュースで知った。

だが、フランスのドキュメンタリー映画『サンド・ウォーズ～広がる砂の略奪～』

（2013年制作）をNHK-BSで観たときに、砂を奪い合う世界の現実が突きつけられた。建設ラッシュの背後で砂の利権をむさぼるマフィアが暗躍し、大規模な開発プロジェクトに狂奔する国家などの事例が紹介された。

一方で、砂の採掘によって美しいビーチが姿を消し、生き物が追われ、河岸の侵食によって集落が押し流され、島々が水没し、漁場を奪われて困窮する貧しい漁村といった砂の争奪戦による被害者が登場する。世界では80万以上のダムがつくられ、下流に供給されてきた砂を堰き止めている。無尽蔵に思えた砂の枯渇がはじまっていた。

それ以来、砂を見る目がまったく変わった。開発側は津波や高波や洪水の恐ろしさを声高に警告し、海岸を波消しブロックや防波堤や突堤などの人工構造物で固め、海岸をずたずたにしてしまった。白砂青松といわれた日本の砂浜がこれほど醜悪になったのに、どれだけの人が気づいているだろうか。

確かに日本は経済的には豊かになった。でも、その分自然は貧しくなった。これは政治家や政府や開発業者に、自然をまかせっぱなしにしてきた私たち世代の責任でもある。今の子どもたちが知っている砂浜は、運ばれてきた砂を敷いた人工の海岸だ。

あと20年もたたないうちに、日本の人口の3人にひとり以上は高齢者になり、経済的にも「普通の国」になっていくのは避けられない。老後に美しい景色を愛《め》でながら散歩したい美しい景色は、どんどん遠のいていく。日本人もそろそろ目覚めていいころだろう。どんな自然を子どもや孫に残したいのか。

「作家は砂の粒を集めて砂浜をつくる」という名言を残したのはイギリスの作家、ロバート・ブラックだ。この本を書き上げ、砂をかき集めてやっと小さな砂浜をつくった気分である。

第五章の「白砂青松はどうしてできたのか」の章は、2018年nippon.comに連載した「よみがえる日本の環境」をもとに補筆したものだ。この章以外は書き下ろした。

本書の執筆には多くの方々のお世話になった。なかでも、インドネシアの現地取材に同行してさまざまなご教示をいただいた安部竜一郎さん、面倒な統計処理を一手に引き受けてくれた深澤友博さん、毎回出版のたびに資料集め内容のチェックをしてくださる脇山真木さんにお礼を申し上げたい。とくに企画から出版まですべての面倒をみていただいたKADOKAWAの堀由紀子さんのご支援がなければ、本書は日の目をみなかったことを付け加えたい。

2020年11月

傘寿を迎えて

石　弘之

参考文献

【第一章　砂のコモンズの悲劇】

・石弘之(2016)『最新研究で読む地球環境と人類史』　洋泉社
・堀和明、斎藤文紀「大河川デルタの地形と堆積物」地学雑誌112(2003)
・Hardin, Garrett. "The Tragedy of the Commons" Science Vol. 162 No. 3859 13 Dec.1968
・Lamb, Vanessa et.al. "Trading Sand, Undermining Lives: Omitted Livelihoods in the Global Trade in Sand" Annals of the American Association of Geographers Volume 109 (2019)
・Smil, Vaclav. "Making the Modern World: Materials and Dematerialization" Wiley 2013
・Torres, Aurora et.al. "A looming tragedy of the sand commons" Science Vol. 357 No. 6355 08 Sep. 2017
・UN Department of Economic and Social Affairs Population Division (2018), "World Urbanization Prospects: the 2018 Revision"
・U.S. Geological Survey. "Mineral Commodity Summaries 2019"
・West Africa Network for Peacebuilding (WANEP) "Conflict and Development Analysis-the Gambia" 15 Jun. 2018
・Whiting, Kate. "This is the environmental catastrophe you've probably never heard of" The World Economic Forum, Global Risks Report 2020 24 Apr. 2019

【第二章　資源略奪の現場から】

・川島博之(2017)『戸籍アパルトヘイト国家・中国の崩壊』講談社
・河尻京子「温暖化で沈む国―ツバルの現実」論座2019年12月
・小林泉「水没国家ツバルの真実」国際開発ジャーナル誌2008年

参考文献

８月号　国際開発ジャーナル社

- Allen, Leslie. “Will Tuvalu Disappear Beneath the Sea? Global warming threatens to swamp a small island nation” Smithsonian Magazine August 2004
- Barkham, Patrick. “Trade of coastal sand is damaging wildlife of poorer nations, study finds” The Guardian 31 Aug. 2018
- Bendixen, Mette et al. “Time is running out for sand” Nature 571 (2019)
- Down to Earth. “Illegal sand mining around the world: islands disappear; livelihoods at stake” 28 Jun. 2016
- Gokkon, Basten. “Jakarta cancels permits for controversial bay reclamation project” Mongabay 2 Oct. 2018
- “Global aggregates production: 1998-2017” Quarry Magazine 5 Feb 2018
- “Indonesia’s Islands Are Buried Treasure for Gravel Pirates” The New York Times 27 March 2010
- De Leeuw, Jan. et. Al. “Strategic assessment of the magnitude and impacts of sand mining in Poyang Lake, China” Regional Environ mental Change 2010
- Kench, Paul S. et.al. “Pacific's Tuvalu expanding, likely to still be habitable in 100 years, despite rising sea levels” Nature Communications 10 Feb, 2018
- Lamb, Vanessa et.al. “Trading Sand, Undermining Lives: Omitted Livelihoods in the Global Trade in Sand” Annals of the American Association of Geographers Volume 109 (2019)
- Jang Senl Gi “North Korea earning foreign currency by selling river sand” Daily NK 18 Jul. 2019
- Pilkey Orrin H., J. Andrew G. Cooper “The Last Beach” Duke University Press. 2014
- Pereira, Kiran, Ratnayake, Ranjith. “Curbing Illegal Sand Mining

in Sri Lanka" WIN 2013
・Ridwanuddin, Parid. "Reklamasi Teluk Jakarta dan Absurditas Kriminalisasi Nelayan Pulau Pari" Republika 14 Mar. 2017
・Beiser, Vince "Sand mining: the global environmental crisis you've probably never heard of" Gurdian 27 Feb. 2017
・Valentino, Stefano. "World's beaches disappearing due to climate crisis" The Guardian 02 Mar. 2020
・Vousdoukas, Michalis I.et.al. "Sandy coastlines under threat of erosion" Nature Climate Change. vol.10 02 March 2020

【第三章　砂はどこからきたのか】

・石弘之(2016)『最新研究で読む地球環境と人類史』洋泉社
・小林一輔(1999)『コンクリートが危ない』岩波新書
・須藤定久(2014)『世界の砂図鑑：写真でわかる特徴と分類』誠文堂新光社
・『セメントハンドブック2019年度版』一般社団法人セメント協会
・張平星「京都の寺院庭園における白砂景観の保全に関する研究」京都大学大学院農学研究科学位論文　2018年
・根本祐二(2011)『朽ちるインフラ―忍び寄るもうひとつの危機』日本経済新聞出版社
・ハナ・ホームズ(梶山あゆみ、岩坂泰訳)『小さな塵の大きな不思議』(2004)紀伊國屋書店
・廣瀬肇「瀬戸内海の海砂利採掘規制の実情と今後の方向」OPRI海洋政策研究所Ocean Newsletter第70号(2003.07.05発行)
・深谷泰文、露木尚光(2003)『セメント・コンクリート材料科学』技術書院
・マイケル・ウェランド(林裕美子訳)(2011)『砂―文明と自然』　築地書館
・マーク・ミーオドヴニク(松井信彦訳)(2015)『人類を変えた

素晴らしき10の材料―その内なる宇宙を探険する』インターシフト
・レイモンド・シーバー（立石雅昭訳）（1995）『砂の科学』東京化学同人
・Archimedes. (2008) "The Sand Reckoner of Archimedes" Forgotten Books
・Beiser,Vince. (2018) "The World in a Grain: The Story of Sand and How It Transformed Civilization" Riverhead Books
・De Villiers, Marq & Hirtle, Sheila. (2004) "Sahara: A Natural History" McClelland & Stewart
・Owen, David. "The World Is Running Out of Sand" New Yorker May 22. 2017
・McKie, Robin. "Shale Gas fracking wasted 'millions of taxpayers' cash, say scientists" The Guardian 3 Nov. 2019
・UN Environment Programme. (2019) "Sand and Sustainability: Finding new solutions for environmental governance of global sand resources"
・U.S. Geological Survey. "Mineral Commodity Summaries 2019"

【第四章　砂マフィアの暗躍】
・河尻京子「温暖化で沈む国―ツバルの現実」論座　2019年12月
・National Geographic News「メコン川に大異変、世紀の低水位を記録、深刻な食料危機の恐れも　水が澄む「ハングリーウォーター」現象も発生、6000万人が頼る大河が岐路に」2020年2月29日
・堀和明、斎藤文紀「大河川デルタの地形と堆積物」地学雑誌112（2003）
・Allen, Leslie. "Will Tuvalu Disappear Beneath the Sea? Global warming threatens to swamp a small island nation" Smithsonian Magazine August 2004

・Amnesty International Indonesia. "Indonesia: Arson attack against environmental activist must be thoroughly Investigated" 04 Mar. 2019
・Chandra, Wahyu & Hardiansya, Rahmat. "Locals mount fierce resistance against sand mining, land reclamation in Massakar" Eco-business 11 Jul. 2017
・Gabbatiss, Josh. "Sand mafias and vanishing islands: How the world is dealing with the global sand shortage" Independent 6 Dec. 2017
・"Inside the deadly world of India's sand mining mafia" The National Geographic Society's website 26 Jun. 2019
・Human Rights Watch. "Gambia: Fully Probe Anti-Mining Protesters' Deaths" 20 Jun. 2018
・Jena,Manipadma . "As sand mining grows, Asia's deltas are sinking, water experts warn" Thomson Reuters Foundation Prevention Web 21 Sep. 2018
・Kench, Paul S. et.al. "Pacific's Tuvalu expanding, likely to still be habitable in 100 years, despite rising sea levels" 10 Feb.2018 Nature Communications
・Kibet, Robert. "Sand mining: the deadly occupation attracting Kenya's youngsters" The Guardian 7 Aug. 2014
・Koehnken, Lois. "Impacts of sand mining on ecosystem structure, process & biodiversity in rivers" WWF Review Jul. 2018.
・Kukreti, Ishan. "How will India address illegal sand mining without any data?" Down To Earth 16 Oct. 2017
・Lovgren, Stefan. "Southeast Asia May Be Building Too Many Dams Too Fast" National Geographic Magazine 23 Aug. 2018
・Meynen, Nick. "Frontlines: Stories of Global Environmental Justice" Zero Books 2019
・Rakhman, Fathul. &Nugraha. "Arson attack in Indonesia leaves

activist shaken" Mongabay 1 Feb. 2019
・Reddem, Appaji. "Shifting sands in Andhra Pradesh: On Jaganmohan Rebby government's attempt to regulate sand mining" The Hindu 30 Nov. 2019
・Satrusayang, Cod. "The worst drought in living memory has been exacerbated by Chinese dams withholding water" Thai Enquirer 14 Apr. 2020
・"Shifting Sand: How Singapore's demand for Cambodian sand threatens ecosystems and undermines good governance-" Global Witness 10 May. 2010
・South Asia Network on Dams, Rivers and People (SANDRP). "Illegal Sand Mining Violence 2018: at least 28 People died across India" 28 Feb.2019
・"SAND MAFIAS IN INDIA Disorganized crime in a growing economy" The Global Initiative Against Transnational Organized Crime. Jul. 2019
・Easow, Samuel. "The Imbalance of Sand Demand and Supply: The Sand Crisis is Gripping the Globe" The Masterbuilder 12 Jun. 2018
・Ungku,Fathin and Latiff, Rozanna. "In blow to Singapore's expansion, Malaysia bans sea sand exports" Reuters Business News 3 July. 2019

【第五章　白砂青松はどうしてできたのか】

・有岡利幸(1993)『松と日本人』人文書院
・アレックス・カー(2017)『犬と鬼―知られざる日本の肖像』講談社学術文庫
・石川啄木他(1993)『新編啄木歌集』岩波文庫
・石弘之(2019)『環境再興史―よみがえる日本の自然』(角川新書)

・宇多高明（2004）『海岸侵食の実態と解決策』山海堂
・太田猛彦（2012）『森林飽和―国土の変貌を考える』NHKブックス
・小田隆則（2003）『海岸林をつくった人々―白砂青松の誕生』北斗出版
・国土交通省（2017年）「国土交通省所管ダムの堆砂状況について」
・貞方昇（2017）『中国地方における鉄穴流しによる地形環境変貌』溪水社
・シップ・アンド・オーシャン財団編（2005）『消えた砂浜―九十九里浜五十年の変遷』
・司馬遼太郎（1990）『街道をゆく29―秋田県散歩・飛騨紀行』朝日文庫
・新野直吉（1982）『秋田の歴史』秋田魁新報社
・須田有輔、早川康博（2017）『砂浜海岸の自然と保全』生物研究社
・武井弘一（2015）『江戸日本の転換点―水田の激増は何をもたらしたか』NHKブックス
・立石友男「海岸砂丘の変貌」水利科学　33巻4号（1989-1990）
・東北森林管理局米代西部森林管理署（2001）『風に学んで―能代海岸防災林の造成の記録』
・徳冨健次郎（1950）『新春』岩波文庫
・中島勇喜、岡田穣（2011）『海岸林との共生―海岸林に親しみ、海岸林に学び、海岸林を守ろう!』山形大学出版会
・中谷宇吉郎（2000）『中谷宇吉郎集　第2巻』岩波書店
・農業土木歴史研究会編著（1988）『大地への刻印―この島国は如何にして我々の生存基盤となったか』　公共事業通信社
・速水融（2012）『歴史人口学の世界』岩波現代文庫
・宮沢賢治（1996）『銀河鉄道の夜』角川書店
・吉田惇、有働恵子、真野明「日本の5海岸における過去の長期

汀線変化特性と気候変動による将来の汀線変化予測」土木学会論文集B2（海岸工学）Vol.68 N0.2.（2012）

【第六章　今後の砂問題】

・一般社団法人産業環境管理協会（2019）『リサイクルデータブック2019』
・ユヴァル・ノア・ハラリ（柴田裕之訳）（2016）『サピエンス全史（上）文明の構造と人類の幸福』河出書房新社
・Bendixen, Mette et.al. " The world needs a global agenda for sand" Nature 571（7763） 02 Jul. 2019
・Bricker, Darrell & Ibbitson, John.（2019）" Empty Planet: The Shock of Global Population Decline"（邦訳・倉田幸信訳『2050年世界人口大減少』文藝春秋）
・"FOOTPRINT Network" Endavo Media and Communications Inc. 2019
・United Nations Environment Programme（UNEP）"The search for sustainable sand extraction is beginning" 03 Jan. 2019

石　弘之（いし・ひろゆき）
1940年東京都生まれ。東京大学卒業後、朝日新聞社に入社。ニューヨーク特派員、編集委員などを経て退社。国連環境計画上級顧問。96年より東京大学大学院教授、ザンビア特命全権大使、北海道大学大学院教授、東京農業大学教授を歴任。この間、国際協力事業団参与、東中欧環境センター理事などを兼務。国連ボーマ賞、国連グローバル500賞、毎日出版文化賞をそれぞれ受賞。主な著書に『感染症の世界史』『鉄条網の世界史（共著)』（以上角川ソフィア文庫)、『環境再興史』（角川新書)、『地球環境報告』（岩波新書）など多数。

砂《すな》戦《せん》争《そう》

知《し》られざる資源争奪戦《しげんそうだつせん》

石《いし》　弘之《ひろゆき》

2020年11月10日　初版発行
2024年10月20日　3版発行

発行者　山下直久
発　行　株式会社KADOKAWA
〒102-8177　東京都千代田区富士見2-13-3
電話　0570-002-301（ナビダイヤル）

装丁者　緒方修一（ラーフイン・ワークショップ）
ロゴデザイン　good design company
オビデザイン　Zapp!　白金正之
印刷所　株式会社KADOKAWA
製本所　株式会社KADOKAWA

角川新書

ISBN978-4-04-082363-8 C0230